轻松玩转佳能5D Mark IV 单反相机摄影 ●入门 ●精通

北极光摄影　编著

人民邮电出版社
北　京

前　言

一本书助您全面精通佳能5D Mark IV摄影！

本着"工欲善其事，必先利其器"的原则，越来越多的摄影爱好者不仅购入了价格不菲的单反相机，还添置了各类镜头、滤镜等附件。是不是拥有了优良的器材，就能够创作出精美的摄影作品呢？答案显然是否定的。要拍出好照片，至少要培养以下三个方面的能力。首先，要了解相机上每个按钮的功能，理解相机重点菜单的意义，清楚各类附件的功用，并能够娴熟地与相机配合使用。其次，要理解摄影的基本知识，包括光圈、快门、感光度三者配合使用的原理，测光、对焦模式间的区别，构图、用光概念等。最后，要理解视觉艺术美的规则，培养自己发现美的能力。

本书内容

本书分为相机基本操作，摄影基础理论，构图、光线和色彩及常见题材实拍技巧四大篇。其中，Chapter 01~Chapter 02用于帮助读者掌握佳能5D Mark IV相机的基本操作，以便在拍摄时能娴熟地设置、修改拍摄参数。Chapter 03~Chapter 09讲解光圈、快门、感光度、测光模式、曝光模式、对焦模式、镜头等基础知识。这些知识至关重要，能够指导读者拍出主体清晰、曝光正确的照片。Chapter 10~Chapter 12用于帮助各位读者了解构图、光线及色彩搭配方面的知识，以使各位读者拍摄出来的照片无论从形式上还是色彩方面均更加出彩。Chapter 13~Chapter 16讲解了人像、风光、动物、城市建筑、夜景等常见题材的拍摄技法，用于帮助各位读者在拍摄前确立拍摄思路，选择合适的拍摄手法。

疑难问题解答

各位读者可以通过以下方式与作者进行互动，获得疑难问题的解答。

新浪微博：http://weibo.com/bjgsygj

腾讯微博：http://t.qq.com/leibobook

微信公众号：funphoto

QQ群：247292794、341699682、190318868

北极光摄影论坛：http://www.bjgphoto.com.cn

扫描以下二维码即可获得我们在微博及微信公众号中定期发布的最新的摄影理念、最酷的摄影作品、最实用的摄影技法。喜爱外拍的摄影爱好者，可以关注北极光摄影论坛，我们还将在论坛中不定期发布组织外拍采风活动的信息。

如果希望直接与编者团队联系，请拨打电话13011886577。

可以说，本书为读者提供了一个完整的摄影学习体系，其中以图书为主要载体，网络为后续支持。任何一个有学习意愿的读者，都能够借助这个体系轻松掌握所需的摄影知识，并通过练习拍摄出令人满意的作品。

为了帮助各位读者更好地学习书中的内容，本书附赠了超值多媒体教学视频，其中包括构图知识讲解、实拍技巧讲解、Camera Raw讲解等内容，读者通过扫描本书封底的二维码，然后按照操作提示即可获取本书提供的学习资源。

编者

第1篇 Canon EOS 5D Mark IV相机基本操作

Chapter 01 了解Canon EOS 5D Mark IV机身结构与控件功能

Chapter 02 初步设置相机参数

第2篇 摄影基础理论

Chapter 03 认识曝光要素——光圈

Chapter 04

Chapter 04 认识曝光要素——快门速度

Chapter 05 认识曝光要素——感光度

Chapter 05

Chapter 06

Chapter 09 拓展拍摄实力的镜头

第3篇 构图、光线和色彩

Chapter 10 取景与构图

第4篇 常见题材实拍技巧

Chapter 13

Chapter 13 美女、儿童摄影技巧

Chapter 14 风光摄影技巧

Chapter 14

Chapter 15 动物的拍摄技巧

Chapter
16

Chapter 16 城市建筑与夜景的拍摄技巧

第1篇 Canon EOS 5D Mark Ⅳ 相机
基本操作

01

Chapter 01 了解Canon EOS 5D Mark Ⅳ机身结构与控件功能

1.1 Canon EOS 5D Mark Ⅳ相机正面结构

遥控感应器

可以使用 RC-6 遥控器在最远 5m 处拍摄。应把遥控器的方向指向该遥控感应器，遥控感应器才能接收到遥控器发出的信号，并完成对焦和拍摄任务。RC-6 可以进行立即拍摄或 2s 延时拍摄

快门按钮

半按快门可以开启相机的自动对焦及测光系统，完全按下快门时完成拍摄。当相机处于省电状态时，轻按快门可以恢复工作状态

自拍指示灯

当设置 2s 或 10s 自拍功能时，此灯会连续闪光进行提示

镜头安装标志

将镜头的红色安装标志与相机颜色相同的安装标志对齐，旋转镜头即可完成安装

镜头释放按钮

用于拆卸镜头，按下此按钮并旋转镜头的镜筒，可以把镜头从机身上取下来

镜头固定销

用于稳固机身与镜头之间的连接

内置麦克风

在拍摄短片时，可以通过此麦克风录制单声道音频

手柄（电池仓）

在拍摄时，用右手持握在此处。该手柄遵循人体工程学的设计，持握非常舒适

镜头卡口

安装镜头，并与镜头之间传递距离、光圈、焦距等信息

景深预览按钮

按下景深预览按钮，将镜头光圈缩小到当前光圈值，此时可以通过取景器观察景深

反光镜

未拍摄时，反光镜为落下状态；在拍摄时，反光镜会升起，并按照指定的曝光参数进行曝光。反光镜升起和落下时会产生一定的机震，在使用 1/30s 以下的低速快门时尤为明显，使用反光镜预升功能有利于避免机震

触点

用于相机与镜头之间传递信息。将镜头拆下后，请装上机身盖，以免刮伤电子触点

遥控端子

可以将快门线 RS-80N3、定时遥控器 TC-80N3 或任何装有 N3 型端子的附件连接到相机上

1.2 Canon EOS 5D Mark Ⅳ相机顶部结构

热靴
用于外接闪光灯，热靴上的触点正好与外接闪光灯上的触点相合；也可以外接无线同步器，在有影室灯的情况下起引闪的作用

模式转盘解锁按钮
只需按住转盘中央的模式转盘锁定释放按钮，转动模式转盘即可选择拍摄模式

背带环
用于安装相机背带

白平衡选择按钮/测光模式选择按钮
按下此按钮，转动速控转盘可调节白平衡模式，转动主拨盘可调节测光模式

多功能按钮
按自动对焦点选择按钮后，再按此按钮可以选择不同的自动对焦区域选择模式；当安装了闪光灯时，按下此按钮还可以锁定闪光曝光

液晶显示屏照明按钮
按下此按钮可开启/关闭液晶显示屏照明功能

闪光同步触点
用于相机与闪光灯之间传递焦距、测光等信息

屈光度调节按钮
用于调节取景器的清晰度

主拨盘
使用主拨盘可以设置快门速度、光圈、自动对焦模式、ISO感光度等

电源开关
控制相机的开启与关闭

液晶显示屏
显示拍摄时的各种参数

模式转盘
用于选择拍摄模式，包括场景智能自动曝光模式以及P、Tv、Av、M、B、C1、C2、C3等模式。使用时要按住模式转盘锁释放按钮，然后旋转模式转盘，使相应的模式对准右侧的小白线即可

驱动模式选择按钮/自动对焦操作选择按钮
按下此按钮，转动速控转盘可调节驱动模式；转动主拨盘可调节自动对焦模式

闪光曝光补偿按钮/ISO感光度设置按钮
按下此按钮，转动速控转盘可调节闪光曝光补偿数值；转动主拨盘可以调节ISO感光度数值

1.3 Canon EOS 5D Mark IV相机背面结构

创意图像／对比回放（两张图像显示）按钮
在拍摄状态下，按下此按钮可以启用并设置多重曝光、HDR 等创意拍摄功能；在回放照片时，按下此按钮可以在两张照片之间对比查看

实时显示拍摄／短片拍摄开关
将此开关设置为 可以选择实时显示拍摄，切换至 可以选择短片拍摄

眼罩
推眼罩的底部即可将其拆下

自动对焦启动按钮
在 P、Tv、Av、M、B 曝光模式下，按下此按钮与半按快门的效果一样；在实时显示和短片拍摄模式下，可以使用此按钮进行对焦

图像回放
按下此按钮可以回放刚刚拍摄的照片，还可以使用放大／缩小按钮对照片进行放大或缩小。当再次按下此按钮时，可返回拍摄状态

索引／放大／缩小按钮
在回放照片时，使用此按钮可以在一定比例范围内对照片进行放大，配合主拨盘使用时，逆时针转动可以切换为索引显示，顺时针转动可以放大照片

自动对焦点区域选择按钮
按自动对焦点选择按钮后，再按此按钮可以选择不同的自动对焦区域选择模式

自动曝光锁按钮
在拍摄模式下，按此按钮可以锁定曝光，可以以相同曝光值拍摄多张照片

评分按钮
在回放照片时，按下此按钮可以快速为照片进行评分

液晶监视器
使用液晶监视器可以设定菜单功能、使用实时显示拍摄、拍摄短片以及回放照片和短片。另外，液晶监视器是可触摸控制的，可以通过手指点击、滑动来操作

自动对焦点选择按钮
在拍摄模式下，按下此按钮将在取景器中显示自动对焦点，然后按多功能控制钮来选择自动对焦点的位置

菜单按钮

用于启动相机内的菜单功能。在菜单中可以对画质、日期/时间等功能进行设置

信息按钮

在使用取景器拍摄时，每次按下此按钮，可以分别显示相机设置、电子水准仪、速控屏幕及自定义速控屏幕界面；在回放模式、实时显示拍摄模式及短片拍摄模式下，每次按下此按钮，会依次切换信息显示

取景器目镜

在拍摄时，可通过观察取景器目镜里面的景物进行取景构图

开始/停止按钮

用于开始或停止实时显示/短片拍摄状态

多功能控制钮

多功能控制钮包含八个方向键和中间的一个按钮，使用该控制钮可以选择自动对焦点、校正白平衡、在实时显示拍摄期间移动自动对焦点或放大框、在回放期间滚动放大的图像、操作速控屏幕等；对于菜单和速控屏幕而言，只能在上下和左右方向工作

数据处理指示灯

拍摄照片，正在将数据传输到存储卡以及正在记录、读取或删除存储卡上的数据时，该指示灯将会亮起或闪烁

设置按钮

用于菜单功能选择的确认，类似于其他相机上的OK按钮

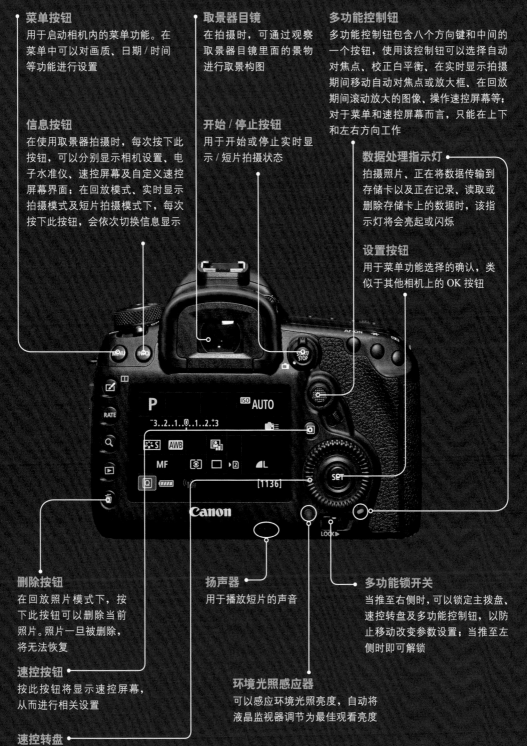

删除按钮

在回放照片模式下，按下此按钮可以删除当前照片。照片一旦被删除，将无法恢复

速控按钮

按此按钮将显示速控屏幕，从而进行相关设置

速控转盘

按一个功能按钮后，转动速控转盘，可以完成相应的设置；直接转动速控转盘可设定曝光补偿量或在手动曝光模式下设置光圈值

扬声器

用于播放短片的声音

环境光照感应器

可以感应环境光照亮度，自动将液晶监视器调节为最佳观看亮度

多功能锁开关

当推至右侧时，可以锁定主拨盘、速控转盘及多功能控制钮，以防止移动改变参数设置；当推至左侧时即可解锁

1.4 Canon EOS 5D Mark IV 相机侧面结构

PC 端子
用于连接带有同步电缆的闪光灯，其上的丝扣可以防止连接意外断开。由于 PC 端子没有极性，因此可以连接任何同步线

外接麦克风输入端子
通过将带有立体声微型插头的外接麦克风连接到相机的外接麦克风输入端子，便可录制立体声

HDMI mini 端子
此端口用于连接相机与 HD 高清晰度电视。但是，连接的电缆 HDMI 和 HTC-100 需要另外购买

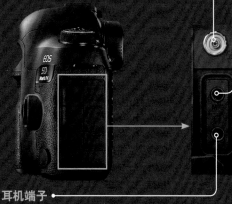

耳机端子
通过将带有立体声微型插头的立体声耳机连接到相机的耳机端子，可以在短片拍摄期间听到声音

存储卡插槽盖
本相机兼容 SD、CF 存储卡

连接线保护器插座
当使用连接线将相机连接到计算机或 Connect Station 时，将随附的连接线保护器插入此孔，可以防止连接线意外断开并防止端子受到损坏

数码端子
用连接线可将相机与电视机连接起来，可以在电视机上观看图像；连接打印机可以进行打印

1.5 Canon EOS 5D Mark IV 相机底部结构

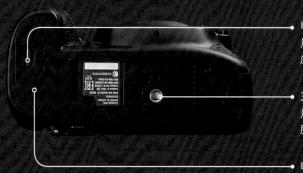

电池仓盖释放杆
用于安装和更换锂离子电池。安装电池时，应先移动电池仓盖释放杆，然后打开舱盖

三脚架接孔
用于将相机固定在脚架上。可通过顺时针转动脚架快装板上的旋钮，将相机固定在脚架上

电池仓盖
打开电池仓盖后可拆装电池

1.6 Canon EOS 5D Mark IV相机液晶显示屏信息

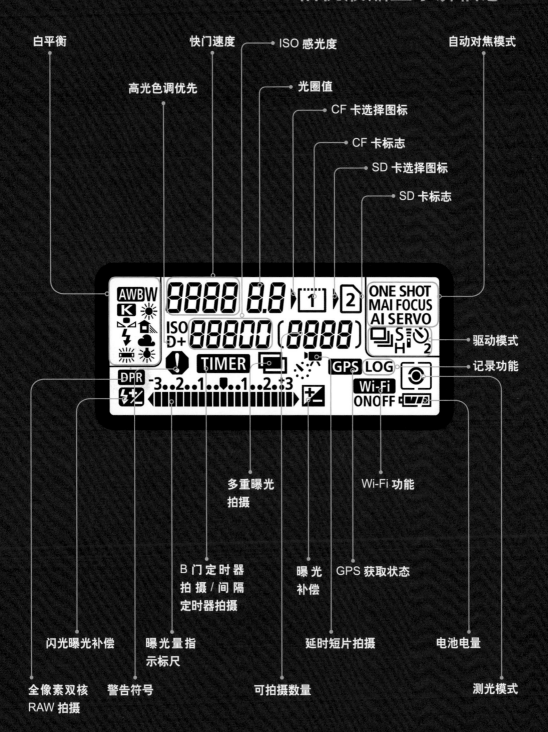

白平衡

快门速度

ISO 感光度

自动对焦模式

高光色调优先

光圈值

CF 卡选择图标

CF 卡标志

SD 卡选择图标

SD 卡标志

驱动模式

记录功能

多重曝光
拍摄

Wi-Fi 功能

B 门定时器
拍摄 / 间隔
定时器拍摄

曝光
补偿

GPS 获取状态

闪光曝光补偿

曝光量指
示标尺

延时短片拍摄

电池电量

全像素双核
RAW 拍摄

警告符号

可拍摄数量

测光模式

1.7 Canon EOS 5D Mark IV相机光学取景器

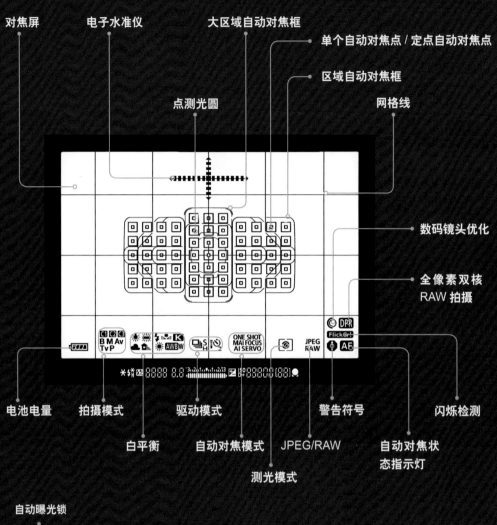

对焦屏　　电子水准仪　　大区域自动对焦框　　单个自动对焦点/定点自动对焦点

区域自动对焦框

点测光圆　　网格线

数码镜头优化

全像素双核
RAW 拍摄

电池电量　　拍摄模式　　驱动模式　　警告符号　　闪烁检测

白平衡　　自动对焦模式　　JPEG/RAW　　自动对焦状
态指示灯

测光模式

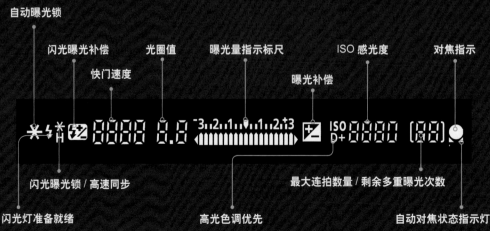

自动曝光锁

闪光曝光补偿　　光圈值　　曝光量指示标尺　　ISO 感光度　　对焦指示

快门速度　　曝光补偿

闪光曝光锁/高速同步　　最大连拍数量/剩余多重曝光次数

闪光灯准备就绪　　高光色调优先　　自动对焦状态指示灯

1.8 Canon EOS 5D Mark IV相机速控屏幕

拍摄模式

自定义控制按钮

曝光补偿/自动包围曝光设置

快门速度　　　光圈值　　闪光曝光补偿　ISO 感光度

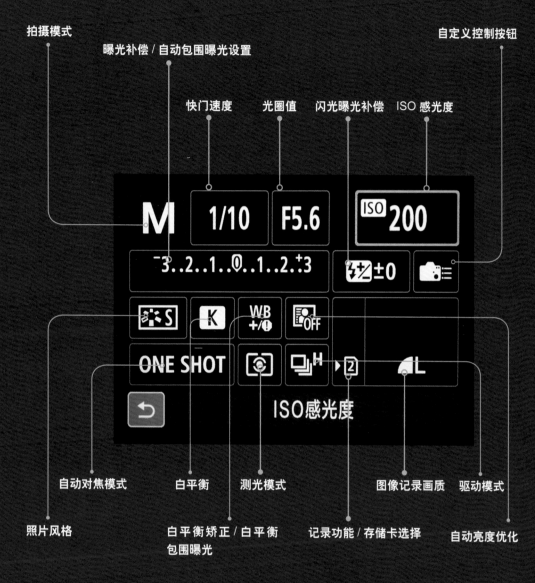

自动对焦模式　　　白平衡　　　测光模式　　　　　　图像记录画质　　驱动模式

照片风格　　　　　白平衡矫正/白平衡　　　记录功能/存储卡选择　　自动亮度优化
　　　　　　　　　包围曝光

Chapter 02　初步设置相机参数

2.1　设置照片存储类型、尺寸与画质

⊘ 设置照片存储类型

在Canon EOS 5D Mark IV中，可以设置JPEG与RAW两种文件存储格式。其中，JPEG是最常用的图像文件格式，它用有损压缩的方式去除冗余的图像数据，在获得极高压缩率的同时能展现十分丰富、生动的图像，且兼容性好，广泛应用于网络发布、照片洗印等领域。

RAW原意是"未经加工"，它是数码相机专有的文件存储格式。RAW文件既记录了数码相机传感器的原始信息，同时又记录了由相机拍摄所产生的一些原数据（如相机型号、快门速度、光圈、白平衡等）。准确地说，它并不是某个具体的文件格式，而是一类文件格式的统称。例如，在Canon EOS 5D Mark IV中RAW格式文件的扩展名为".CR2"，这也是目前所有佳能相机统一的RAW文件格式扩展名。

⊘ 使用RAW格式拍摄的优点

- 将相机中的许多文件处理工作转移到计算机上进行，从而可进行更细致的处理，包括白平衡调节，高光区、阴影区和低光区调节，以及清晰度、饱和度控制。对于非RAW格式文件而言，由于在相机内处理图像时，已经应用了白平衡设置，这种无损改变是不可能的。
- 可以使用最原始的图像数据（直接来自于传感器），而不是经过处理的信息，这毫无疑问将获得更好的效果。
- 可利用14位图片文件进行高位编辑，这意味着具有更多的色调，可以使最终的照片获得更平滑的梯度和色调过渡。在14位模式操作时，可使用的数据更多。

❶ 在**拍摄菜单1**中选择**图像画质**选项

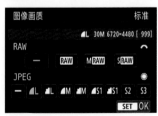

❷ 点击选择所需的RAW格式画质选项，或者JPEG格式画质选项，然后点击 SET OK 图标确认

⊘ 如何处理RAW格式文件

当前能够处理RAW格式文件的软件不少。如果希望用佳能原厂提供的软件，可以使用Digital Photo Professional。此软件是佳能公司开发的一款用于照片处理和管理的软件，简写为DPP，能够处理佳能数码单反相机拍摄的RAW格式文件，操作较为简单。

如果希望使用更专业一些的软件，可以考虑使用Photoshop。此软件自带RAW格式文件处理插件，能够处理各类RAW格式文件，而不仅限于佳能、尼康数码相机所拍摄的数码照片，其功能更强大。

↑ DPP软件界面

提示

　　在存储卡的存储空间足够大的情况下，应尽量选择RAW格式进行拍摄，因为现在大多数软件都支持RAW格式，所以不建议使用RAW+L JPEG格式，以免浪费空间。如果存储卡空间比较紧张，可以根据所拍摄照片的用途等来选择JPEG格式或RAW格式。如果Photoshop无法打开RAW文件，则需要更新Camera Raw软件。

◎ 设置合适的分辨率为后期处理做准备

　　分辨率是照片的重要参数，照片的分辨率越高，在计算机后期处理时裁剪的余地就越大，同时文件所占空间也就越大。

　　Canon EOS 5D Mark Ⅳ可拍摄照片的最大分辨率为6720像素 x 4480像素，相当于3010万像素，因而按此分辨率保存的照片有很大的后期处理空间。

　　Canon EOS 5D Mark Ⅳ各种画质的格式、记录的像素量、文件大小、可拍摄数量和最大连拍数量（依据8GB CF存储卡、ISO 100、3：2长宽比、标准照片风格的测试标准）如下表所示。

图像画质	记录的像素量	打印尺寸	文件大小（MB）	可拍摄数量	最大连拍数量			
					CF卡		SD卡	
					标准	高速	标准	高速
JPEG								
◢L	30M	A2	8.8	820	110	Full	130	Full
◢L			4.5	1590	Full	Full	Full	Full
◢M	13M	A3	4.7	1530	Full	Full	Full	Full
◢M			2.4	2970	Full	Full	Full	Full
◢S1	7.5M	A4	3.0	2350	Full	Full	Full	Full
◢S1			1.5	4560	Full	Full	Full	Full
S2	2.5M	9cm×13cm	1.3	5420	Full	Full	Full	Full
S3	0.3M	—	0.3	20330	Full	Full	Full	Full

图像画质	记录的像素量	打印尺寸	文件大小（MB）	可拍摄数量	最大连拍数量			
					CF卡		SD卡	
					标准	高速	标准	高速
RAW								
RAW	30M	A2	36.8	170	17	21	17	19
RAW : DPR	30M		66.9	90	7	7	7	7
M RAW	17M		27.7	220	23	32	23	26
S RAW	7.5M	A4	18.9	310	35	74	36	48
RAW+JPEG								
RAW + ◢L	30M+30M	A2+A2	36.8+8.8	140	13	16	13	14
MRAW + ◢L	17M+30M	A2+A2	27.7+8.8	170	13	17	14	15
SRAW + ◢L	7.5M+30M	A4+A2	18.9+8.8	220	15	22	15	18

⊙ 设置照片画质

　　确定了照片的存储格式与尺寸后，还要设置照片的画质，即设定照片的压缩设置，Canon EOS 5D Mark Ⅳ可设置的每一种照片尺寸均有"优"与"普通"两种画质选项。不同尺寸的"优"类画质文件格式图标分别为◢L、◢M、◢S1，不同尺寸的"普通"类画质文件格式图标分别为◢L、◢M、◢S1。

　　如果选择"优"类画质文件格式，则拍摄出来的照片画质优秀、细节丰富，但文件也会相应大一些，拍摄商业静物、人像、风光等题材时，通常需要选择此类画质。如果选择"普通"类文件格式，则相机自动压缩照片，照片的细节会有一定损失，但如果不放大仔细观察，这种损失并不明显。

↑ 在拍摄时设置画质为"优"，即使放大观察，照片的细节仍然很清晰【焦距：500mm 光圈：f/5.6 快门速度：1/320s 感光度：400】

◐ 全像素双核RAW

Canon EOS 5D Mark Ⅳ相机携带了一个佳能全新的图像处理技术——全像素双核RAW优化。

当启用"全像素双核RAW"功能后，相机可以同时将正常影像和有视差影像的双像素数据，以及被摄体的纵深信息记录到一个RAW文件中。因为记录的信息更为丰富，所以与普通的RAW文件相比，文件大小是普通RAW文件的两倍。

与普通的RAW文件相比，全像素双核RAW的可调整性更强，用户结合佳能Digital Photo Professional（简称DPP）软件中的Dual Pixel RAW Optimizer（全像素RAW优化）功能，可以很轻松地对画面进行解像感补偿、虚化偏移、鬼影消除三大方面的精细处理。

❶ 在**拍摄菜单**1中选择**全像素双核RAW**选项

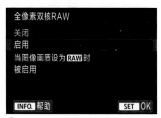

❷ 点击选择**启用**或**关闭**选项，然后点击 SET OK 图标确定

- 解像感补偿：解像感补偿用通俗的话来说就是图像微调。由于全像素双核RAW文件中记录了照片的深度信息，那么只要在软件中通过微调，便可以进一步提高照片的焦点清晰度，从而得到高锐度的照片。这对于人像、鸟类、微距等对锐度要求较高的题材来说，有一定实用性。

- 虚化偏移：全像素双核RAW文件中会记录到不同视点位置和纵深信息，通过在DPP软件中重新设定视点，便可以水平移动散景位置。这个功能主要运用在使用大光圈虚化前景的人像照片或者微距照片中。如果摄影师觉得虚化的前景有影响到主体表现，那么就可以使用此功能来适当水平地移动前景的位置，但要注意移动的程度有限，不能寄予过高期望。

- 鬼影消除：在逆光拍摄时，经常遇到画面中出现鬼影和眩光，如果使用的是Canon EOS 5D Mark Ⅳ的全像素双核RAW格式记录，并在DPP软件中后期处理，便能有效地减少画面中的鬼影及眩光现象。

处理前

处理后

↑ 通过右侧处理前与处理后的放大图可以看出，在对全像素双核RAW格式的照片进行解析度补偿处理后，照片的锐化更好，照片的清晰度得到了提高【焦距：50mm 光圈：f/2.2 快门速度：1/320s 感光度：200】

2.2 设置播放照片相关参数

掌握播放、浏览、显示照片的操作

在回放照片时，可以进行放大、缩小、显示信息、前翻、后翻以及删除照片等多种操作。下面通过图示来说明回放照片的基本操作方法。

按下 Q 按钮，逆时针旋转主拨盘 时，可缩小照片直至显示为小的缩略图

连续按下INFO.按钮，可以循环显示拍摄信息

按下 ▶ 按钮，可开始浏览照片

按下 Q 按钮，顺时针旋转主拨盘 时，可以放大照片

上、下、左、右按动多功能控制钮 ，可查看放大的照片局部

速控转盘 用于选择图像

按下 按钮，可删除当前浏览的照片

图像跳转

通常情况下，可以使用速控转盘或多功能控制钮来跳转照片，但只支持每次一个文件（照片、视频等）的跳转。如果想按照其他方式进行跳转，则可以使用主拨盘进行相关功能的设置，如每次跳转10张或100张照片，或者按照日期、文件夹来显示图像，以快速检索到自己需要的照片。

- ■ ：选择此选项并转动主拨盘 ，将逐个显示图像。
- ■ ：选择此选项并转动主拨盘 ，将跳转10张图像。
- ■ ：选择此选项并转动主拨盘 ，将跳转100张图像。
- ■ ：选择此选项并转动主拨盘 ，将按日期显示图像。
- ■ ：选择此选项并转动主拨盘 ，将按文件夹显示图像。
- ■ ：选择此选项并转动主拨盘 ，将只显示短片。
- ■ ：选择此选项并转动主拨盘 ，将只显示静止图像。
- ■ ：选择此选项并转动主拨盘 ，将只显示受保护的图像。
- ■ ：选择此选项并转动主拨盘 ，将按图像评分显示图像。

❶ 在**回放菜单2**中选择**用 进行图像跳转**选项

❷ 选择转动主拨盘 时的图像跳转方式，然后点击 SET OK 图标确定

2.3 其他基础参数设置选项

◆ 时间与日期

利用"日期/时间/区域"菜单可以对相机的日期、时间和区域进行设置。

提示

大多数摄友都习惯以"时间＋标注"的形式整理越来越多的数码照片，例如"2017-07.06-北海打鸟"，因此正确设置相机的日期就显得很重要。

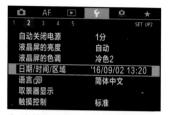

❶ 在**设置菜单**2中选择**日期/时间/区域**选项

❷ 点击选择一个数字框，然后点击▲或▼图标选择数字，设置完成后，点击**确定**选项

◆ 照片自动旋转功能

当使用相机竖拍时，可以使用此功能使这些照片在浏览时自动旋转为竖向，否则这些照片将横向显示。

提示

建议选择"开 📷 🖥"，以方便在回放时观察构图情况。

❶ 在**设置菜单**1中选择**自动旋转**选项

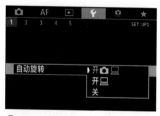

❷ 点击选择是否开启自动旋转功能

- ■ 开 📷 🖵：选择此选项，回放照片时，竖拍图像会在液晶监视器和计算机上自动旋转。
- ■ 开 🖵：选择此选项，竖拍图像仅在计算机上自动旋转。
- ■ 关：照片不会自动旋转。

⬆ 竖拍时的状态

⬆ 选择第一个选项后，浏览照片时竖拍照片自动旋转至竖直方向

⬆ 选择第2、3个选项时，浏览照片时竖拍照片仍然保持拍摄时的方向

📷 分析照片整体曝光情况

　　每一款佳能相机都有大小不等、总像素量不同的液晶监视器，用于浏览照片、设置参数。虽然使用液晶监视器能够较好地浏览照片，但受到显示性能、亮度等方面的限制，仍然无法真实再现照片的曝光情况。

　　这也正是很多摄影爱好者在相机及计算机显示器上观看同一照片时，会发现有一定甚至有较大差异的原因。因此，要准确地观察曝光结果，不能依靠观察液晶监视器，而要利用更科学的判断依据，即柱状图。

　　利用柱状图可以查看照片的亮度及色彩分布信息，以便我们更理性地判断当前照片的曝光情况。利用"显示柱状图"菜单命令，即可在播放照片时显示其柱状图。该菜单中包含"亮度"和"RGB"两个选项。

- **亮度**：适合比较关心曝光准确度的用户，通过查看图像及其亮度柱状图，可以了解图像的曝光倾向和画面的整体色调情况。
- **RGB**：适合比较关心色彩饱和度的用户，通过查看RGB柱状图，可以了解色彩的饱和度、渐变情况以及白平衡偏移情况。

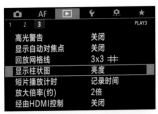

❶ 在**回放菜单**3中选择**显示柱状图**选项

❷ 点击选择显示柱状图的方式

⬆ 柱状图呈现出偏右侧多，右边隆起的形态，主峰位于最右边的区域时，说明画面中有白色的区域，与照片的实际表现状态相同，表明柱状图能够正确地反映照片状态【焦距：85mm 光圈：f/2.8 快门速度：1/320s 感光度：100】

2.4 对照片进行操作

❖ 保护图像

对于一些特别重要的照片，可以用"保护图像"功能将其保护起来，避免由于错误操作而将其删除。

提示

为了保护重要的照片，最好在拍摄后立即进行图片保护，以免误删。

❶ 在**回放菜单**1中选择**保护图像**选项

❷ 点击选择**选择图像**选项

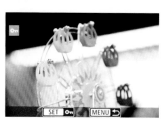

❸ 左右扫动屏幕选择要保护的图像

❹ 点击 SET ⊶ 图标即可保护所选图像

❖ 旋转图像

当需要浏览竖拍的照片时，使用"旋转图像"功能对照片进行90°、270°的旋转。

❶ 在**回放菜单**1中选择**旋转图像**选项

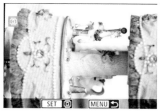

❷ 左右滑动选择要旋转的照片

❸ 连续点击 SET 回 图标将顺时针、逆时针旋转90°，最后恢复原始状态

提示

如果在"设置菜单1"中选择了"自动旋转"选项，就无需对竖拍照片进行手动旋转了。

第2篇 摄影基础理论

02

Chapter 03 认识曝光要素——光圈

3.1 认识光圈及光圈优先曝光模式（Av）

◉ 光圈的概念

　　光圈位于镜头内，由多片很薄的金属叶片组成，是用于控制相机进光量的装置。光圈的大小用光圈系数表示。理解光圈及相机进光量的控制原理对于拍摄出曝光准确的照片具有很重要的意义。

➲ 从镜头的底部可以看到镜头内部的光圈金属薄片

◉ 不同光圈值下镜头通光口径的变化

　　设置不同的光圈值时，光圈叶片的闭合程度是不同的。下面的一组示意图展示了不同光圈值对应的光圈叶片闭合程度。

⬆ 光圈：f/2　快门速度：1/60s 感光度：100

⬆ 光圈：f/2.8　快门速度：1/60s 感光度：100

⬆ 光圈：f/4　快门速度：1/40s 感光度：100

⬆ 光圈：f/5　快门速度：1/10s 感光度：100

⬆ 光圈：f/5.6　快门速度：1/30s 感光度：100

⬆ 光圈：f/8　快门速度：1/15s 感光度：100

　　从这一组照片中可以看出，当光圈从f/2（大光圈）变化到f/11（小光圈）时，画面的景深也渐渐变大，使用大光圈拍摄时模糊的部分会变得越来越清晰。

⬆ 光圈：f/11　快门速度：1/13s 感光度：100

◐ 光圈的表示方法

光圈的大小用F（f/）数值来表示，通常以f/1.4、f/2、f/2.8、f/4、f/5.6、f/8、f/11、f/16、f/22等数值来标记。F系数的计算公式为：F=镜头焦距/通光口径。因此，对同一焦距的镜头来说，F系数的值越小，表示相机通光口径越大；反之，F系数的值越大，则表示相机通光口径越小。

◐ F值与镜头通光口径的关系

F值实际上等于镜头的焦距除以光圈的有效口径，所以，当拍摄时所使用的焦距与光圈值确定时，可以推算出此时镜头的通光口径。例如，对于35mm f/1.4的镜头而言，当最大光圈值设为f/1.4时，镜头光圈的通光口径就是35÷1.4=25mm。

虽然F值用于确定镜头的光圈大小，进而确定镜头通光口径，但当镜头焦距发生变化时，光圈通光口径也会随之改变。

例如，假设镜头的焦距为300mm，则以f/2.8光圈进行拍摄时，镜头的通光口径就是300÷2.8≈107mm。通光口径如此大的镜头，其体积通常也非常大，价格也会很昂贵。

◐ 画质最佳光圈

任何一款相机镜头都有一挡成像质量最佳的光圈，这挡光圈俗称"最佳光圈"。通常，将镜头的最大光圈收缩2挡或3挡即为最佳光圈。而随着光圈逐级缩小，受到光线衍射效应的影响，画面的品质也会逐渐降低。

在拍摄人像或商业静物题材时，应该尽量使用画质最佳的光圈进行拍摄。

◐ 通常商业题材对画质的要求较高，因此在拍摄时需注意画质最佳光圈的设置【焦距：50mm 光圈：f/2.8 快门速度：1/125s 感光度：100】

画质最差光圈

如前所述，如果拍摄时使用的镜头光圈较小，则由于受到衍射效应影响，画质将变差。要理解这一点，首先必须明白什么是衍射效应。

衍射是指当光线穿过镜头光圈时，光在传播的过程中发生方向弯曲的现象。光线通过的孔隙（光圈）越小，光的波长越长，这种现象就越明显。因此，拍摄时所用光圈越小，到达相机感光元件的衍射光占比就越大，画面细节损失越多，画质越差。

因此，在拍摄时要避免使用过小的光圈。

➤ 拍摄风光时，不要为了得到大场景而将光圈设置到最小，可以稍微放大一两挡，确保画质细腻【焦距：27mm 光圈：f/16 快门速度：1/160s 感光度：100】

理解可用最大光圈

虽然光圈数值是在相机上设置的，但其可调整的范围却是由镜头决定的，即镜头支持的最大及最小光圈，就是在相机上可以设置的光圈上限和下限。

例如，对于EF 16-35mm f/2.8 L Ⅱ USM这款镜头而言，无论使用哪一个焦距段进行拍摄，其最大光圈都只能够达到f/2.8，不可能通过设置得到f/2、f/1.8这样的超大光圈。

因此，在参考或模仿其他优秀作品进行拍摄时，一定要注意观察其拍摄参数的光圈值，以确定自己所使用的镜头是否能够达到。

◑ 光圈优先曝光模式（Av）

使用光圈优先曝光模式拍摄时，摄影师可以旋转主拨盘从镜头的最小光圈到最大光圈之间选择所需光圈，相机会根据当前设置的光圈大小自动计算出合适的快门速度。

光圈优先是摄影中使用最多的一种拍摄模式，在Canon EOS 5D Mark Ⅳ的模式转盘和液晶监视器上显示为"Av"。使用该模式拍摄的最大优势是可以控制画面的景深，为了获得更准确的曝光效果，经常和曝光补偿配合使用。

使用光圈优先模式应该注意如下两个问题。

- 当光圈过大而导致快门速度超出了相机极限时，如果仍然希望保持该光圈，可以尝试降低ISO感光度的数值，或使用中灰滤镜降低光线的进入量，以保证曝光准确。
- 为了得到大景深而使用小光圈时，应该注意快门速度不能低于安全的快门速度。

操作方法：按下模式转盘解锁按钮不放，然后将模式转盘转至 Av 图标。在光圈优先模式下，可以转动主拨盘⌒调整光圈数值。

◐ 由于设置了较大的光圈，因此得到小景深的画面，花卉在虚化背景的衬托下显得更加娇美【焦距：100mm 光圈：f/3.2 快门速度：1/200s 感光度：400】

◐ 为了表现花海的气势，使用了广角镜头和较小的光圈，得到了大景深的画面【焦距：21mm 光圈：f/16 快门速度：1/500s 感光度：100】

3.2 不同大小的光圈在实拍中的应用

❂ 用大光圈提高快门速度

    利用大光圈可以提高镜头的进光量，在光线较弱的环境（如阴天、日暮、室内），且需要手持相机拍摄时，可以使用较大光圈来获得较高的快门速度，从而降低由于手持相机拍摄时手部的抖动使照片发虚的可能性。

    另外，在拍摄高速运动的景物，如运动中的人、体育赛事、鸟类、奔跑中的动物等题材时，使用大光圈也可以提高快门速度，以便更好地定格精彩瞬间。

➡ 为了设置高速快门将雄鹰定格在画面中，因此设置了较大的光圈【焦距：500mm 光圈：f/5.6 快门速度：1/1600s 感光度：400】

❂ 用大光圈分离背景与主体

    大光圈可以使画面前景、背景虚化，以便很好地突出主体，在拍摄人像、花卉、昆虫等题材时最为常用。运用大光圈可得到浅景深的画面效果，使得主体清晰，虚化杂乱的周围环境，因此有利于更好地突出主体形象。

    使用大光圈拍摄的照片可以把要表现的部分从周围环境中提取分离出来，因此大光圈有时也称为分离性光圈。

➡ 在户外拍摄人像时，杂乱的环境很容易干扰画面主体的表现，可通过设置大光圈来虚化周围的环境，使人物在画面中突出【焦距：85mm 光圈：f/2.8 快门速度：1/500s 感光度：100】

◑ 用小光圈表现大景深画面

通常在拍摄山景、水景、草原等风景照时，为了表现大场面的风景，会设置较小的光圈，这样可将远景与近景都表现得很清晰。

另外，拍摄纪实题材时，由于需要在画面中传达出更多的故事性信息，所以会要求画面中环境的表现更多一些，可设置较小的光圈以得到大景深的画面。因此，小光圈的景深效果旨在叙事，在实践中可将其称为叙事性光圈，主要用于需要较多照片信息的题材中。

◐ 设置较小的光圈可将远近景都表现得很清晰，这样的画面看起来很有层次感【焦距：18mm 光圈：f/16 快门速度：10s 感光度：100】

◑ 用小光圈拍摄出灯光的璀璨星芒

城市夜景的建筑少不了各种灯饰的点缀，城市的夜景也因建筑灯饰的点缀而变得更加繁华。

为了使夜景画面星光璀璨，可以通过缩小光圈得到呈星芒效果的灯光。这是因为光圈收缩到一定的程度时，光线会通过光圈细小的孔洞产生衍射，从而使灯光出现四射的星芒效果，且光圈越小，光线越强烈，星芒效果越明显。但需要注意的是，光圈太小会导致快门速度下降，因此，必要时还需要配合使用三脚架。

↑ 缩小光圈后得到星芒状效果的灯光，金色的灯光点缀在蓝色夜幕上好像发亮的宝石【焦距：24mm 光圈：f/22 快门速度：10s 感光度：100】

Chapter 04 认识曝光要素——快门速度

4.1 认识快门及快门优先曝光模式（Tv）

❁ 快门的概念

快门是相机中控制光线进入相机的一种装置。当快门开启时，曝光开始，光线通过镜头到达相机的感光元件上，形成图像；当快门关闭时，曝光结束。

快门开启的时间被称为快门速度，在摄影中每当提及快门时通常是指快门速度。

❁ 快门速度的表示方法

快门速度用秒（s）作单位来表示，通常标示为1、2、4、8、15、30、60、125、250、1000、2000、4000、8000，其实际意义是指1s、1/2s、1/4s、1/8s、1/15s、1/30s、1/60s、1/125s、1/250s、1/1000s、1/2000s、1/4000s、1/8000s。因此标示的数值越大，实际上快门开启的时间越短，进光量也越少。

在实际拍摄时，摄影师可以根据需要调整快门速度，以

↑ 幕帘快门组件示意图

获得想要表现的画面效果。相机预设的快门速度通常为1/4000s~30s（高端相机的快门速度能达到1/8000s）。

❁ 快门优先曝光模式（Tv）

要改变快门速度，可以切换至快门优先曝光模式及全手动曝光模式，在此重点讲解前者。快门优先模式在Canon EOS 5D Mark IV的模式转盘和液晶监视器上显示为"Tv"。

当使用快门优先曝光模式进行拍摄时，摄影师可以通过转动主指令拨盘从1/8000s~30s选择所需快门速度，相机会自动计算光圈的大小，以获得正确的曝光。

操作方法：按下模式转盘解锁按钮不放，然后将模式转盘转至Tv图标。在快门优先模式下，可以转动主拨盘调整快门速度的数值。

提示

　如果最大光圈值闪烁，表示曝光不足。需要转动主拨盘设置较低的快门速度，直到光圈值停止闪烁，也可以设置一个较高的ISO感光度数值。

提示

　如果最小光圈值闪烁，表示曝光过度。需要转动主拨盘设置较高的快门速度，直到光圈值停止闪烁，也可以设置一个较低的ISO感光度。

4.2 快门速度对照片的影响

◎ 明亮与暗淡

　　快门的主要作用是控制相机的曝光量，在光圈不变的情况下，快门速度越慢，感光元件接受光线照射的时间越长，快门开启的时间越长，进入相机的光量越大，曝光量也越大；快门速度越快，感光元件接受光线照射的时间越短，快门开启的时间越短，进入相机的光量越少，曝光量也越小。

　　在光圈不变的情况下，快门速度延长一倍，相机的曝光量会相应增加一倍。例如，1/125s快门速度的曝光时间是1/250s的两倍，使用1/125s快门速度拍摄时，相机的曝光量是使用1/250s快门速度拍摄时的两倍。

↑【焦距：100mm　光圈：f/3.2
快门速度：1/10s 感光度：640】

↑【焦距：100mm　光圈：f/3.2
快门速度：1/15s 感光度：640】

↑【焦距：100mm　光圈：f/3.2
快门速度：1/20s 感光度：640】

↑【焦距：100mm　光圈：f/3.2
快门速度：1/25s 感光度：640】

↑【焦距：100mm　光圈：f/3.2
快门速度：1/40s 感光度：640】

↑【焦距：100mm　光圈：f/3.2
快门速度：1/50s 感光度：640】

　　上面展示的一组照片是在焦距、光圈、感光度都不变的情况下，分别将快门速度依次设置为1/10s、1/15s、1/20s、1/25s、1/40s、1/50s时拍摄的。通过对比可以看出，快门速度为1/10s时，画面曝光有些过度，部分亮部缺少细节；快门速度为1/15s时，画面曝光偏亮，但画面整体还是有细节的；快门速度为1/20s时，画面曝光正常，画面细节丰富；快门速度为1/40s时，画面明显曝光不足，整体偏暗。这一组示例图充分展示了快门速度与曝光效果之间的关系。

动感与静止

快门速度不仅影响进光量，还会影响画面的动感效果。表现静止的景物时，快门速度的快慢对画面不会有什么影响，除非摄影师在拍摄时有意摆动镜头，但在表现动态的景物时，不同的快门速度能够营造出不一样的画面效果。

⬆ 快门速度：1/13s

⬆ 快门速度：1/5s

右侧照片是在焦距、感光度都不变的情况下，分别将快门速度依次降低所拍摄的画面。

⬆ 快门速度：1/4s

⬆ 快门速度：1/3s

对比这一组照片，可以看到当快门速度较快时，旋转木马被定格成为清晰的影像，但当快门速度逐渐降低时，旋转的木马在画面中渐渐变为模糊的运动线条。

⬆ 快门速度：1/2s

⬆ 快门速度：1s

由此可见，如果希望在画面中凝固运动对象的精彩瞬间，应该使用高速快门。拍摄对象的运动速度越高，采用的快门速度也要越快，以在画面中凝固运动对象的动作，形成一种时间凝滞不前的静止效果。

如果希望在画面中表现运动对象的动态模糊效果，可以使用低速快门，以使其在画面中形成动态模糊效果，较好地表现出动态效果，按此方法拍摄流水、夜间的车灯轨迹、风中摇摆的植物、流动的人群，均能够得到画面效果流畅、生动的照片。

⬆ 利用高速快门定格展翅欲飞的鹦鹉【焦距：300mm 光圈：f/10 快门速度：1/800s 感光度：100】

⬆ 利用低速快门可记录下呈线条状的车流轨迹【焦距：24mm 光圈：f/18 快门速度：1/2s 感光度：200】

4.3 拍摄运动对象时影响快门速度的4个因素

在设置拍摄运动对象的快门速度时，应综合考虑速度、方向、距离和焦距这4个基本要素。

速度

速度是影响动态表现的因素之一，根据不同的照片表现形式，拍摄时所需要的快门速度也不尽相同。例如，抓拍物体运动的瞬间，需要较高的快门速度；而如果是跟踪拍摄，要求的快门速度就比较低了。

方向

使用同一快门速度时，如果从运动对象的正面拍摄（通常是角度较小的斜侧面），主要记录的是对象从小变大或相反的运动过程，其动态表现通常要低于从侧面拍摄；只有从侧面拍摄才会感受到被摄对象真正的速度，其动态效果最强，因此从侧面拍摄时需要的快门速度高于从正面或角度较小的斜侧面拍摄时所使用的快门速度。

距离

相机距离运动对象越远，相对速度越低，则拍摄时所需的快门速度也越低，画面中运动对象的动态效果也越弱；而相机距离运动对象越近，那么所需的快门速度越高，照片中运动对象的动感越强烈。

焦距

使用长焦镜头拉近拍摄对象，运动主体在画面中所占的比例越大，拍摄时所需要的快门速度越高；焦距越短，主体在画面所占比例越小，其动感越弱，因此拍摄时所需要的快门速度也越低。

⬆ 为了拍到动感强烈的冲浪画面，应从下面几个方面考虑，多观察、多尝试【焦距：200mm 光圈：f/10 快门速度：1/1250s 感光度：100】

速度
设置较高的快门速度，将冲浪者跃起的瞬间清晰地定格在画面中

方向
从冲浪者的前侧面拍摄，动感效果比较突出

距离
距离冲浪者较近，使其在画面中面积较大，看起来会很有张力

焦距
使用了长焦镜头，没有纳入过多干扰画面的景物

4.4 不同快门速度在实拍中的应用

◉ 用高速快门定格决定性瞬间

高速快门可以定格高速运动中的物体，不同的高速快门适合拍摄不同的题材。例如，拍摄飞鸟、奔跑中的动物、运动场上的运动员时，通常快门速度在1/800s~1/500s就足够了。而记录子弹穿过物体这种瞬间速度更快的题材时，则需要更高的快门速度。

⬆ 利用高速快门定格精彩瞬间的作品【左 焦距：300mm 光圈：f/3.2 快门速度：1/500s 感光度：200】【右 焦距：100mm 光圈：f/5.6 快门速度：1/800s 感光度：500】

◉ 用低速快门记录景物运动轨迹

如果需要在画面中表现物体的运动轨迹，通常需要设置较低的快门速度，例如，拍摄水流、烟花、闪电时，通常6s~15s就足够了；而在拍摄旋转的摩天轮、车流光轨等题材时，则需要更低的快门速度，一般为20s~40s（当然在排除光圈、光线等因素的影响下）；倘若是拍摄星轨、流动的云彩时，快门速度则需要更低，如拍摄流云时，需要快门速度在200s以上才可以得到令人满意的效果，而拍摄天空中星星移动的轨迹则需要半个小时甚至更长的时间，画面中才会出现漂亮的光迹线条。

⬆ 利用低速快门拍摄流水与烟花【左 焦距：35mm 光圈：f/8 快门速度：2s 感光度：100】【右 焦距：24mm 光圈：f/16 快门速度：10s 感光度：100】

4.5 使用B门曝光模式控制快门速度

使用B门模式拍摄时，持续地完全按下快门按钮将使快门一直处于打开状态，直到松开快门按钮时快门被关闭，即完成整个曝光过程，因此曝光时间取决于快门按钮被按下与被释放的过程。

由于使用这种曝光模式拍摄，可以持续长时间曝光，因此特别适合拍摄光绘、天体、焰火等需要长时间曝光并手动控制曝光时间的题材。

需要注意的是，使用B门模式拍摄时，为了避免所拍摄的照片模糊，应该使用三脚架及遥控快门线辅助拍摄，若不具备条件，至少也要将相机放置在平稳的水平面上。

↑ 按下模式转盘解锁按钮不放，然后将模式转盘转至B图标，即为B门曝光模式

在B门模式下，通过长时间的曝光记录下了星星的轨迹，画面很有科幻效果【焦距：100mm 光圈：f/7.1 快门速度：2354s 感光度：800】

4.6 与快门有关的菜单设置

❂ 设置快门速度范围

Canon EOS 5D Mark IV 相机的快门速度范围在 1/8000s~30s，但是一般情况下用不着这么大范围。

在此菜单中摄影师可以自定义设定快门速度范围，最高速度范围可以在1/8000s~15s这个范围内设定；最低速度可以在1/4000s~30s这个范围内设定。

通过缩小快门速度范围，可以提高选择快门速度操作的效率。在快门优先Tv和全手动M模式下，摄影师可以在所设定范围内手动选择一个快门速度，在光圈优先Av和程序自动P模式下，相机自动在所设定范围内选择快门速度。

❶ 在**自定义功能菜单**2中选择**快门速度范围设置**选项

❷ 点击选择**最高速度**或**最低速度**选项，然后点击▲或▼图标选择速度值

❸ 设定完成后，点击**确定**选项

❂ B门定时器

在Canon EOS 5D Mark IV相机的B门模式拍摄时，可以在"B门定时器"菜单中，预设B门曝光的曝光时间，预设好拍摄所需要的曝光时间后，按下快门按钮，将开始曝光，在曝光期间可以松开手而不需要按住快门，以减少操作相机的抖动，当曝光达到所设定的时间后，则结束拍摄。

❶ 在**拍摄菜单**4中选择**B门定时器**选项

❷ 选择**启用**选项，然后点击**详细设置**图标进入调节曝光时间界面

❸ 点击选择所需数字框，然后点击▼或▲图标选择数值，设定完成后点击选择**确定**选项

◈ 长时间曝光降噪

曝光的时间越长，产生的噪点就越多，此时，可以启用"长时间曝光降噪功能"消减画面中的噪点。

- 关闭：选择此选项，在任何情况下都不执行长时间曝光降噪功能。

- 自动：选择此选项，当曝光时间超过1s，且相机检测到噪点时，将自动执行降噪处理。此设置在大多数情况下有效。

- 启用：选择此选项，在曝光时间超过1s时即进行降噪处理，此功能适用于选择"自动"选项时无法自动执行降噪处理的情况。

❶ 在**拍摄菜单3**中选择**长时间曝光降噪功能**选项

❷ 点击可选择不同的选项，然后点击 SET OK 图标确定

提示

降噪处理需要时间，而这个时间可能与拍摄时间相同，并且在将"长时间曝光降噪功能"设置为"启用"时，若使用实时显示功能进行长时间曝光拍摄，那么在降噪处理过程中将显示"BUSY"，直到降噪完成，在这期间将无法继续拍摄照片。因此，通常情况下建议将它关闭，在需要进行长时间曝光拍摄时再开启。

⬆ 上图是未设置"长时间曝光降噪功能"时的局部画面，下图是启用了该功能后的局部画面，画面中的杂色及噪点都明显减少，但同时也损失了一定的细节

⬆ 通过长达5s的曝光拍摄到的画面【焦距：30mm 光圈：f/16 快门速度：5s 感光度：100】

❂ 未装存储卡释放快门

如果忘记为相机装存储卡，无论你多么用心拍摄，终将一张照片也留不下来，白白浪费时间和精力。

利用"未装存储卡释放快门"菜单可防止未安装存储卡而进行拍摄的情况出现。

- 启用：选择此选项，未安装存储卡时仍然可以按下快门，但照片无法被存储。
- 关闭：选择此选项，如果未安装存储卡时按下快门，则会在肩屏及取景器中显示"Card"，并且快门按钮无法被按下。

❶ 在**拍摄菜单**1中选择**未装存储卡释放快门**选项

❷ 选择**启用**或**关闭**选项，然后点击 SET OK 图标确定

提示

为了避免操作失误而导致错失拍摄良机，建议将该选项设置为"关闭"。

❂ 反光镜预升

使用"反光镜预升"功能可以有效地避免由于相机震动而导致的图像模糊。在该菜单中选择所需的选项，然后再对拍摄对象对焦，完全按下快门后释放，这时反光镜已经升起，再次按下快门或经过几秒即可进行拍摄。拍摄完成后反光镜将自动落下。

❶ 在**拍摄菜单**4中选择**反光镜预升**选项

❷ 点击选择**启用**或**关闭**选项，然后点击 SET OK 图标确定

- 关闭：选择此选项，反光镜不会预先升起。
- 启用：选择此选项，完全按下快门按钮将升起反光镜，再次完全按下快门则拍摄照片。

提示

当快门速度在1/30s～1/8s这个范围内，需要长时间曝光拍摄，使用长焦镜头拍摄或进行微距拍摄时，建议启用"反光镜预升"功能，以减轻机震对成像质量的影响。但要注意的是，由于反光镜被升起，相机的图像感应器将会直接裸露在光线中，因此要尽量避免太阳或强光的直射，否则可能会损坏感光元件。另外，"反光镜预升"功能会影响拍摄速度，所以通常情况下建议将其设置为"关闭"，需要时再设置为"启用"。

4.7 设置"快门驱动"方式拍摄运动或静止对象

针对不同的拍摄任务，需要将快门设置为不同的驱动模式。例如，要抓拍高速移动的物体，为了保证成功率，设置可以使相机按下一次快门后连续拍摄多张照片的功能。

Canon EOS 5D Mark IV提供了单拍□、高速连拍□H、低速连拍□、静音连拍□S、10秒自拍/遥控🖑、2秒自拍/遥控🖑2等驱动模式，下面分别讲解它们的使用方法。

操作方法：按下DRIVE·AF按钮，转动速控转盘◎可选择不同的驱动模式。

🔘 单拍模式

在单拍模式下，每次按下快门时，都只能拍摄一张照片。单拍模式适用于拍摄静止或运动幅度不大的对象，如风光、建筑、静物等题材。静音单拍的操作方法和拍摄题材与单拍基本类似，但由于使用静音单拍时相机发出的声音更小，因此更适合在较安静的场所拍摄，或拍摄易于被相机快门声音惊扰的对象。

↑ 适合使用单拍模式的各种静止或运动幅度不大的对象

◍ 连拍模式

在连拍模式下，每次按下快门时将连续拍摄多张照片。Canon EOS 5D Mark IV提供了3种连拍模式：高速连拍模式（ 🖵H ）最高连拍速度能够达到约7张/秒；低速连拍模式（ 🖵 ）的最高连拍速度能达到约3张/秒；静音连拍模式（ 🖵S ）的最高连拍速度能达到约3张/秒。

连拍模式适用于拍摄运动对象，当将被摄对象的连续动作全部抓拍下来以后，可以从中挑选满意的画面。

⬆ 使用连拍驱动模式抓拍蜂鸟采食花蜜的精彩画面

提示

由于Canon EOS 5D Mark IV有临时存储照片的内存缓冲区，因此在记录照片到存储卡的过程中可继续拍摄。受内存缓冲区大小的限制，最多可持续拍摄照片的数量是有限的。

连拍速度在以下情况可能会变慢：当剩余电量较低时，连拍速度会下降；在人工智能伺服自动对焦模式下，因主体和使用的镜头不同，连拍速度可能会下降；当选择了"高ISO感光度降噪功能"或在弱光环境下，即使设置了较高的快门速度，连拍速度也可能变慢。

在最大连拍数量少于正常值时，如果相机在中途停止连拍，可能是"高ISO感光度降噪功能"被设置为"强"导致的，此时应该选择"标准""弱"或"关闭"选项。因为当启用"高ISO感光度降噪功能"时，相机将花费更多时间进行降噪处理，因此将数据转存到储存空间的耗时会更长，相机在连拍时更容易被中断。

⚙ 自拍模式

Canon EOS 5D Mark Ⅳ相机提供了两种自拍模式，可满足不同的拍摄需求。

- 10 秒自拍/遥控：在此驱动模式下，可以在10秒后进行自动拍摄。此驱动模式支持与遥控器搭配使用。

- 2秒自拍/遥控：在此驱动模式下，可以在2秒后进行自动拍摄。此驱动模式也支持与遥控器搭配使用。

值得一提的是，所谓的"自拍"驱动模式并非只能用于给自己拍照。例如，在需要使用较低的快门速度拍摄时，我们可以将相机置于一个稳定的位置，并进行变焦、构图、对焦等操作，然后通过设置自拍驱动模式的方式，避免手按快门产生震动，进而拍出令人满意的照片。

⬆ 使用相机的自拍模式就可以跟朋友拍亲密合影了【焦距：45mm 光圈：f/8 快门速度：1/200s 感光度：400】

➡ 长时间曝光拍摄瀑布时，可使用三脚架固定相机并设置成自拍模式，避免手按快门产生震动，得到清晰的流水画面，在拍摄时为了延长曝光时间，在镜头前面加装了中灰镜【焦距：24mm 光圈：f/16 快门速度：7s 感光度：100】

Chapter 05 认识曝光要素——感光度

5.1 认识感光度

❂ 感光度的概念

数码单反相机感光度的概念是从传统胶片感光度引入的，是指用一个具体的感光度数值来表示感光元件对光线的敏感程度，即在其他条件相同的情况下，感光度数值越高，单位时间内相机的感光元件感光越充分。

但要注意的是，感光度越高，画面产生的噪点就越多；低感光度画面则清晰、细腻，细节表现较好。

操作方法：按下█·ISO按钮，然后转动主拨盘███即可调节ISO感光度的数值。

↑ ISO 250拍摄的效果　↑ ISO 320拍摄的效果　↑ ISO 400拍摄的效果

↑ ISO 640拍摄的效果　↑ ISO 800拍摄的效果　↑ ISO 1000拍摄的效果

上面展示的一组照片是在其他曝光因素不变的情况下，增大ISO数值的拍摄效果，可以看出来由于感光元件的敏感度提高，相同曝光时间内，使用高ISO拍摄的曝光更加充分，因此画面显得更明亮。

❂ Canon EOS 5D Mark Ⅳ的感光度范围

对于Canon EOS 5D Mark Ⅳ来说，当感光度数值在ISO 1600以下时，均能获得出色的画质；当感光度数值在ISO 1600~ISO 3200之间时，Canon EOS 5D Mark Ⅳ的画质比低感光度时略有降低，但仍可以用良好来形容；当感光度数值增大到ISO 3200~ISO 6400时，虽然画面的细节比较好，但已经有明显的噪点了，尤其在弱光环境下表现得更为明显；当感光度增至ISO 32000时，画面中的噪点和色散已经变得很严重，因此，除非必要，一般不建议使用ISO 3200以上的感光度数值。

根据笔者的使用经验，在充足的光照条件下，ISO 1600是Canon EOS 5D Mark Ⅳ相对实用的最高感光度。

⊘ 高低感光度的优缺点分析

高低不同的ISO感光度有各自的优点和缺点。在实际拍摄中会发现，没有哪个级别的感光度可以适合每种拍摄状况。所以，如果一开始便知道在什么情况下应该使用哪个级别的ISO（低、中、高），就能最大限度地发挥相机性能，拍出优秀的照片。

低ISO（ISO 100~ISO 200）

优点及适用题材：使用低感光度可以获得质量很高的影像，照片的噪点很少。因此，如果追求高质量影像，应该使用低感光度。使用低感光度会延长曝光时间，即降低快门速度。在拍摄需要有动感模糊效果的丝滑水流、行云时，通常要用低感光度降低快门速度，获得较好的动感效果。

缺点及不适用题材：在弱光环境下手持相机进行拍摄时，如果使用低感光度会造成画面模糊。因为，在此情况下曝光时间必然会被延长，而在这段曝光时间内，除非摄影师具有超常平衡能力，否则就会因为其手部或身体的轻微抖动，导致拍摄瞬间相机脱焦，换言之，拍摄出来的照片焦点必然是模糊的。

↑ 在拍摄日落景象时，为了得到精细的画质，设置了较低的感光度，画面中可以看出天空丰富的色彩和细腻的层次，对称式构图也增加了画面宁静的氛围【焦距：20mm 光圈：f/11 快门速度：2s 感光度：100】

高ISO（ISO 500以上）

优点及适用题材：高感光度适用于在弱光环境下手持相机拍摄，与前面讲述的情况相反，由于高感光度缩短了曝光时间，因此降低了由于摄影师抖动导致照片模糊的可能性。另外，也适用于需要较高快门速度来定格快速移动主体的题材，例如飞鸟、运动员等。此外，可以使用高ISO为照片增加噪点的特性，来增添照片的胶片感、厚重感，或提升拍摄对象的粗糙感。

缺点及不适用题材：ISO越高，噪点越多，影像的清晰度越差，影像之间的过渡越不自然，因此不适用于拍摄高调风格照片及追求高画质的题材，如雪景、云雾、人像。

↑ 通过设置较高的感光度来得到高速快门，将空中飞翔的天鹅清晰地抓拍了下来【焦距：300mm 光圈：f/4 快门速度：1/1250s 感光度：1600】

5.2 感光度的设置原则

由于感光度对画质影响很大，因此在设置感光度时要把握住一定的原则，从而在最大程度上，既保证画面曝光充足，又不至于影响画面质量。

根据光照条件来区分

①如果拍摄时光线充足，例如，在晴天或薄云的天气拍摄时，应该将感光度控制为较低的数值，感光度一般都设置为ISO 100~ISO 200。

②如果是在阴天或者下雨的室外拍摄，推荐使用ISO 200~ISO 400。

③如果是在傍晚或者夜晚的灯光下拍摄，推荐使用ISO 400~ISO 800。

根据所拍摄的对象来区分

①如果拍摄的是人像，为了使拍摄出的人物有细腻的皮肤质感，推荐使用较低的感光度，如ISO 100、ISO 200。

②如果拍摄对象需要长时间曝光，如拍摄流水或者夜景时，也应该使用相对低的感光度，如ISO 50、ISO 100。

③如果拍摄的是高速运动的主体，为了在安全快门内拍到清晰图像，应该尝试将感光度设置为ISO 3200或ISO 6400，以获得更高的快门速度。

总体原则

如果是记录性质的拍摄，感光度设置总原则是先拍到再拍好，即优先考虑使用高感光度，以避免由于感光度低，导致快门速度也比较低，从而拍摄出模糊的照片。因为画质损失可通过后期处理来弥补，而画面模糊则意味着拍摄失败，是无法补救的。

如果拍摄的目的是商业用途性质，照片的画质处于第一位，感光度的设置原则应该是先拍好再拍到，如果光线不足以支持拍摄时使用较低感光度，宁可放弃拍摄。

需要特别指出的是，在光线充足与不足的环境中分别拍摄时，即使是设置相同的ISO感光度，在光线不足的环境拍摄的照片也会产生很多的噪点，如果此时再设置较长的曝光时间，就更容易产生噪点。因此，在弱光环境下拍摄，更需要设置低感光度，并配合高感光度降噪和长时间曝光降噪功能来获得较高的画面质量。

● 左侧大图是在傍晚弱光环境下拍摄的，由于光线较弱，虽然使用的是ISO 200的感光度，截取局部画面与右上方拍摄光线充足的石峰相比，仍然产生了大量的噪点【焦距：17mm 光圈：f/14 快门速度：300s 感光度：200】

5.3 不同感光度在实拍中的应用

◐ 用高感光度提高快门速度拍摄运动中的动物

为了拍摄到清晰的运动中的动物照片，应尽量使用较高的快门速度。由于拍摄时通常要在画面中表现其生活环境，因此不宜使用过大光圈。在这种情况下，要提高快门速度，只有提高感光度这一种方法可行。

↑ 拍摄奔跑的小狗时，为了提高快门速度，可使用较高的感光度【焦距：200mm 光圈：f/6.3 快门速度：1/500s 感光度：800】

◐ 用低感光度得到较慢的快门速度拍摄流水

如果在光线充足的环境中需要较慢的快门速度时，可通过降低感光度来实现。

例如，在拍摄瀑布或水流时，经常会遇到快门速度不够慢的情况，尤其是在环境光线较强时，有时即便已使用最小光圈，也无法达到较低的快门速度。

此时可以通过降低ISO感光度数值来降低快门速度。Canon EOS 5D Mark Ⅳ可用的最低感光度为ISO 100，换言之，如果将感光度设置为100，快门速度仍然不够低，就需要使用其他方法了，如在镜头前加装中灰镜。

↑ 在拍摄流动的水时，可通过降低感光度来延长曝光时间，以得到雾状效果的水景【焦距：100mm 光圈：f/13 快门速度：1.5s 感光度：100】

5.4 与感光度有关的菜单设置

高ISO感光度降噪功能

利用高ISO感光度降噪功能能够有效地降低图像的噪点，在使用高ISO感光度拍摄时的效果尤其明显，而且即便是使用低ISO感光度拍摄，图像阴影区域的噪点也会进一步降低。在"高ISO感光度降噪功能"菜单中共有5个选项，可以根据噪点的等级来改变其设置。

需要指出的是，当将"高ISO感光度降噪功能"设置为"强"时，相机的连拍速度将大大降低。

提示

对于喜欢采用RAW格式存储照片或者连拍的用户，建议关闭该功能，尤其是将降噪标准设为"强"时，将大大影响相机的连拍速度；对于喜欢直接使用相机打印照片或者采用JPEG格式存储照片的用户，建议选择"标准"或"弱"；如果对快门速度要求较高，可关闭此功能。

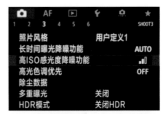

❶ 在**拍摄菜单3**中选择**高ISO感光度降噪功能**选项

❷ 选择不同的选项，然后点击 SET OK 图标确定

⬆ 上图是未开启"高ISO感光度降噪功能"放大后的局部画面，下图是启用了该功能放大后的局部画面，画面中的杂色及噪点都有明显的减少，同时也损失了一些细节

⬅ 利用ISO 1600高感光度拍摄并进行高ISO感光度降噪后得到的照片效果【焦距：100mm 光圈：f/20 快门速度：6s 感光度：1600】

光线多变的情况下灵活使用自动感光度功能

Canon EOS 5D Mark Ⅳ的自动ISO感光度功能非常强大、好用，不仅可以在M挡下使用，并且能够设置最低和最高ISO感光度及最低的快门速度。许多摄影师都没有意识到这实际上是一个非常实用的功能，因为它可以实现拍摄时让光圈、快门速度同时优先的目标。

其操作方法很简单，先切换到M挡手动曝光模式下，设置拍摄某一题材必须要使用的光圈及快门速度，然后将感光度设置为AUTO（即自动感光度），相机即可根据光线强度以及摄影师设定的光圈、快门速度，选择合适的ISO感光度数值。

例如，在拍摄婚礼现场时，摄影师需要灵活移动才能捕捉到精彩的瞬间，因此很多时候无法使用三脚架。而现场的光线又忽明忽暗，此时如果使用快门优先模式，则有可能出现镜头最大光圈无法满足曝光要求的情况；而如果使用光圈优先模式，又有可能出现快门过慢导致照片模糊的情况。因此，使用自动感光度功能并将快门设为安全快门，就能够灵活使用Canon EOS 5D Mark Ⅳ强大的高感光度低噪点功能从容拍摄。

当使用自动感光度设置时，选择"自动范围"选项可以在ISO 100~ISO 25600范围内设定感光度的下限，在ISO 200~ISO 32000的范围内设定感光度的上限。在低光照条件下，为了避免快门速度过慢，可以将最大感光度设为ISO 1600或ISO 3200。

❶ 在**拍摄菜单2**中选择**ISO感光度设置**选项

❷ 点击选择**自动范围**选项

❸ 点击选择**最小**或**最大**选项，然后点击 ▲ 或 ▼ 图标选择ISO感光度的数值，选择完成后点击选择**确定**选项

◀ 在婚礼摄影中，无论是在光线较弱的室内，还是在灯光明亮的宴会大厅拍摄，使用自动感光度功能都能够得到相当不错的拍摄效果

Chapter 06 准确测光

6.1 认识测光

测光是相机对光线状况的评估，测光的结果可以左右画面的情绪和风格，要做到准确测光，需要了解测光原理、测光模式及测光工具。

简单地说，相机是以18%中性灰的测光原理来确定曝光参数的，此内容将在下面小节中详细讲解。

测光模式是指本章后面将要详细讲解到的评价测光、中央重点平均测光、点测光和局部测光这4种测光模式。

测光的工具实际上只有两种，一种是专业的测光表，普通摄影爱好者使用较少；另一种是相机内置的测光表，这是绝大多数摄影爱好者都在使用的测光工具。

通过测光，摄影师即可获得相机推荐的光圈与快门设置组合，并由此确定照片的基调，是高调照片还是低调照片，对比是否更明显，色彩是否更浓郁等。

6.2 18%灰度测光原理

数码单反相机的测光是依靠场景物体的平均反光率来确定的，除了反光率比较高的场景（如雪景、云景）及反光率比较低的场景（如煤矿、夜景），其他大部分场景的平均反光率都在18%左右，而这一数值正是灰度为18%的物体的反光率。

因此可以将测光原理简单理解为：当所拍摄场景中物体的反光率接近于灰度为18%的物体时，测光就是正确的。

了解18%灰度的测光原理，有助于摄影师在拍摄时更灵活地测光。通常水泥墙壁、灰色的水泥地面、人的手背等物体的反光率都接近18%，因此在拍摄光线复杂的场景时，可以在环境中寻找反光率在18%左右的物体进行测光，这样拍摄出来的照片，其曝光基本是正确的。

6.3 利用灰卡进行准确测光

灰卡是一张被印刷成灰色的小小的卡片，反光率与18%灰度相同。借助于灰卡可避免受环境中深色和浅色景物的干扰，获得精准的测光数据。

在拍摄时，将其放置在拍摄对象旁边，使其与拍摄对象处于相同的光照条件。对其进行测光后，锁定曝光参数，然后撤去灰卡，重新对焦并按下快门完成拍摄。

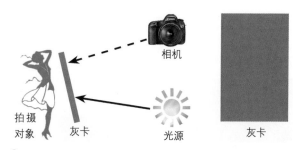

🔵 在户外使用灰卡时，应将灰卡放置在拍摄对象的旁边，确保灰卡与其受到相同的光照。然后再利用相机对灰卡进行测光（建议使用点测光），最终获得精准的测光数据

6.4 测光系统的缺陷

如前所述，相机测光系统的测光原理是将测光区域内的画面转换为灰度，然后与18%灰度进行比较，如果被测画面比18%灰度更暗，相机会提高画面整体的曝光量；如果被测画面比18%灰度更亮，相机则会降低画面整体的曝光量。

通常情况下，相机的测光系统是可以准确测光的，但是由于测光系统无法分辨灰度画面中哪些是反射的光线，哪些是拍摄对象的色彩，因此，当拍摄对象的反光率远远高于18%或是远远低于18%时，就会出现测光不准的情况。这种情况通常在拍摄较暗的照片（如日落场景）及较亮的场景（如雪景）时发生。如果

要验证这一点，可以采取如下所讲述的方法。

对着一张白纸测光，然后按照相机自动测光所给出的光圈快门组合直接拍摄，则得到的照片中白纸看上去更像是灰纸，这是由于照片曝光不足。因此，拍摄反光率大于18%灰度的场景（如雪景、雾景、云景）或有较大白色物体的场景时，需要增加曝光补偿值。

而对着一张黑纸测光，然后按照相机自动测光所给出的光圈快门组合直接拍摄，则得到的照片中黑纸也好像是一张灰纸，这是由于照片曝光过度。因此，如果拍摄的场景的反光率低于18%灰度，需要减少曝光，即做负向曝光补偿。

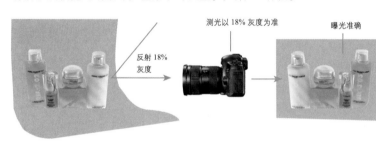

灰背景情况下，反光亮度大约为18%灰度，以相机自动曝光拍摄，曝光大致准确，灰色背景维持灰色

白背景情况下，反光亮度远高于18%灰度，以相机自动曝光拍摄，曝光严重不足，白色背景变为灰色

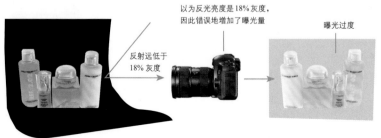

黑背景情况下，反光亮度远低于18%灰度，以相机自动曝光拍摄，曝光严重过度，黑色背景变为灰色

6.5 测光的关键性步骤

如果希望获得正确的曝光参数组合，必须要把握两个关键性测光步骤，即选择测光模式与确定测光位置。

❂ 选择测光模式

测光模式决定了相机测光系统的工作方式，在拍摄绝大多数不同类型的摄影题材时，选择不同的测光模式将会得到不同的曝光参数组合。例如，在光圈优先模式下，当摄影师指定光圈及感光度数值后，相机会根据不同的测光模式确定快门速度。

因此，每一个摄影师都必须明白不同的测光模式是如何影响曝光参数，如何影响拍摄出来的照片影调的。

❂ 确定测光位置

除非使用的是评价测光模式，否则摄影师必须要选择正确的测光位置，选择不同的测光位置得到的测光结果大不相同。需要特别注意的是，虽然大多数情况下测光位置与对焦位置是相同的，但也有不少例外。例如，当摄影师想将一个对象拍成剪影时，必须要将更亮的位置确定为测光点，而对焦位置仍然在拍摄对象上。

提示

由于佳能系列相机中，除了1D系列外，其他单反相机的测光区域恒定在相机中央对焦点区域，因此在测光时一定要先用中央对焦点对准要测光的区域，再按下✱键锁定曝光参数，最后重新对焦、构图、拍摄。

⬆ 对天空较亮处测光，可得到剪影效果的画面【焦距：200mm 光圈：f/16 快门速度：1/1000s 感光度：100】

6.6 4种测光模式及各自适合拍摄的题材

◉ 评价测光 ◙

评价测光是最常用的测光模式，在场景智能自动曝光模式下，相机默认采用的就是评价测光模式。采用该模式测光时，相机会将画面分为252个区进行平均测光，此模式最适合拍摄日常及风光题材的照片。

值得一提的是，该测光模式在手选单个对焦点的情况下，对焦点可以与测光点联动，即对焦点所在的位置为测光位置。在拍摄时善加利用这一点，可以为我们带来很大的便利。

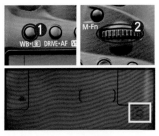

操作方法：按下 WB·◙ 按钮，然后转动主拨盘 ∧，即可在4种测光模式之间进行切换。

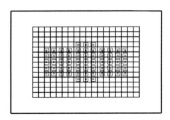

⬆ 评价测光模式示意图

⬇ 拍摄环境受光较均匀，因此选择了评价测光得到曝光合适的画面，这也是风光摄影中常用的测光方式【焦距：95mm 光圈：f/4 快门速度：1/1600s 感光度：400】

中央重点平均测光 ▢

在中央重点平均测光模式下，测光会偏向取景器的中央部位，但同时也会兼顾其他部分的亮度。

由于测光时能够兼顾其他区域的亮度，因此该模式既能实现画面中央区域的精准曝光，又能保留部分背景的细节。

这种测光模式适合拍摄主体位于画面中央主要位置的场景，在人像摄影中常使用这种测光模式。

⬆ 中央重点平均测光模式示意图

⬆ 当人物处于画面的中心位置时使用中央重点平均测光模式，可以得到人物曝光合适的画面【焦距：85mm 光圈：f/1.8 快门速度：1/200s 感光度：320】

◉ 局部测光 ▣

局部测光的测光区域约占画面比例的6.1%。当主体占据画面面积较小，又希望获得准确的曝光时，可以尝试使用该测光模式。

⬆ 局部测光模式示意图

⬆ 表现暗背景的水禽时，由于其体积不太大，可选择准确度较高的局部测光，从而获得曝光合适的照片【焦距：35mm 光圈：f/3.5 快门速度：1/1250s 感光度：800】

◉ 点测光 ⊡

点测光也是一种高级测光模式，相机只对画面中央区域的很小部分（也就是光学取景器中央对焦点周围约1.3%的小区域）进行测光，因此具有相当高的准确性。当主体和背景的亮度差较大时，最适合使用点测光模式拍摄。

由于点测光的测光面积非常小，因此在实际使用时，一定要准确地将测光区域对准在希望准确曝光的对象的某个局部上。

⬆ 点测光模式示意图

⬆ 为了对逆光的儿童精确测光，可选择点测光模式，使其在暖黄色的背景中更加突出【焦距：200mm 光圈：f/5.6 快门速度：1/3200s 感光度：1600】

Chapter 07　玩转曝光补偿

7.1　需要进行曝光补偿的两种情况

　　顾名思义，曝光补偿是对曝光参数所进行的调整。许多摄影爱好者初次接触曝光补偿概念时，往往对此概念感到很迷惑，认为自动测光系统能够获得准确的曝光参数，无须进行曝光补偿。但实际上，至少在下述两种情况下需要进行曝光补偿设置，以纠正相机自动曝光系统获得的曝光参数。

◎ 纠正由于相机缺陷出现的曝光偏差

　　受到相机自身测光系统缺陷的影响，当拍摄大面积的云、雾、雪或黑色的墙壁、森林等景物时，相机给出的曝光组合往往是错误的，这是相机自身功能的局限所造成的，与摄影师的技术水平无关。

　　因此，摄影师要掌握曝光补偿的原理与规律，通过增加或减少曝光补偿，使所拍摄的景物重新得到正确的曝光。

◎ 获得个性化曝光效果

　　通过调整曝光补偿数值，可以改变照片的曝光效果，从而使所拍摄的照片传达出摄影师的表现意图。例如，通过增加曝光补偿使照片轻微曝光过度，以得到柔和的色彩与浅淡的阴影，使照片有轻快、明亮的效果；或通过减少曝光补偿，使照片变得阴暗。

　　在拍摄时，是否能够主动运用曝光补偿技术，是判断一位摄影师是否真正理解摄影的光影奥秘的标志之一。

提示

　　虽然曝光过度或曝光不足的数码照片可用后期软件进行调整弥补，但后期处理的效果总是不如在最初拍摄时一步到位的好，而且如果拍摄时曝光误差太大（如±2挡的误差），在后期也很难调整出令人满意的效果，因此不可以盲目相信"后期万能"的说法，还是应该尽量在前期拍摄时，通过调整曝光参数获得令人满意的曝光效果。

⬆ 拍摄剪影画面时，为了使剪影的效果更明显，可适当地减少曝光补偿【焦距：25mm　光圈：f/7.1　快门速度：1/1250s　感光度：800】

7.2 设置曝光补偿

通过设置曝光补偿，可以在现有测光数据的基础上进行曝光（可以直观地理解成亮度）的增减。

曝光补偿通常用类似"±nEV"的方式来表示。"EV"是指曝光值，"+1EV"是指在自动曝光的基础上增加1挡曝光；"−1EV"是指在自动曝光的基础上减少1挡曝光，依此类推。Canon EOS 5D Mark Ⅳ的曝光补偿范围在−5.0EV~+5.0EV，并以1/3级或1/2级为单位调节。

换而言之，可以在自动曝光的基础上，最小降低或提高1/3挡曝光值，最大可以降低或提高5挡曝光值。

下面展示了设置不同曝光补偿值时照片的变化。

操作方法：将模式转盘转至P、Tv或Av位置，半按快门按钮，然后转动速控转盘◎即可调节曝光补偿值。

曝光补偿为-1/3EV时的拍摄效果

曝光补偿为+1/3EV时的拍摄效果

曝光补偿为-1EV时的拍摄效果

按相机自动测光系统给出的曝光参数进行曝光的照片

曝光补偿为+1EV时的拍摄效果

需要特别指出的是，曝光补偿并不是一个孤立存在的调整参数，调整曝光补偿的同时，相机实际上是通过调整光圈或快门速度来完成这一设置的，关于这一点，在下面的小节将有详细讲解。

> **提示**
>
> 虽然可以在±5EV之间设定曝光补偿，但取景器和液晶显示屏上的曝光补偿指示标尺只能显示±3EV，如要设定超过±3EV的曝光补偿，应该按 Q 按钮，在液晶监视器中操作。

7.3 正确理解曝光补偿

许多摄影初学者在刚接触曝光补偿时，以为使用曝光补偿可以在曝光参数不变的情况下提亮或加暗画面，这个认知是错误的。实际上，曝光补偿是通过改变光圈与快门速度来提高或加暗画面的。

❖ Av挡下曝光补偿对快门速度的影响

在光圈优先曝光模式下，如果提高曝光补偿，相机实际上是通过降低快门速度实现的；反之会提高快门速度。

从右侧这组照片的参数可以看出，在光圈优先曝光模式下，改变曝光补偿实际上是改变了快门速度。

⬆【焦距：24mm 光圈：f/2.8 快门速度：1/20s 感光度：2500】

⬆【焦距：24mm 光圈：f/2.8 快门速度：1/13s 感光度：2500】

⬆【焦距：24mm 光圈：f/2.8 快门速度：1/10s 感光度：2500】

⬆【焦距：24mm 光圈：f/2.8 快门速度：1/6s 感光度：2500】

❖ Tv挡下曝光补偿对光圈大小的影响

在快门优先曝光模式下，如果提高曝光补偿，相机实际上是通过增大光圈实现的（直至达到镜头所标识的最大光圈）；反之会缩小光圈。

在此需要特别指出的是，由于在快门优先曝光模式下提高曝光补偿是通过加大光圈来实现的，因此当光圈达到镜头所标识的最大光圈时，曝光补偿就不再起作用。

从右侧这组照片的参数可以看出，在快门优先曝光模式下，改变曝光补偿实际上是改变了光圈的大小。

⬆【焦距：100mm 光圈：f/9 快门速度：1/40s 感光度：1250】

⬆【焦距：100mm 光圈：f/7.1 快门速度：1/40s 感光度：1250】

⬆【焦距：100mm 光圈：f/5.6 快门速度：1/40s 感光度：1250】

⬆【焦距：100mm 光圈：f/4.5 快门速度：1/40s 感光度：1250】

7.4 曝光补偿的设置原则——白加黑减

在调整曝光补偿时，应当遵循"白加黑减"的原则，即拍摄浅色的对象时（如白雪），相机的测光结果常常使照片颜色偏灰，此时增加曝光补偿可以拍摄到洁白的雪；在拍摄深色的对象时，尤其是纯黑的对象时，相机很容易将其拍摄成深灰色，此时应该减少曝光补偿，从而拍摄到纯黑的颜色。

这里所指的"白加"并不是单指白色的拍摄对象，而是泛指那些颜色较浅，反光率较高的对象，同理，"黑减"也并不是指黑色的拍摄对象，而是泛指那些颜色较深，反光率较低的对象。

下面列举了比较典型的适合使用"白加黑减"原则进行拍摄的对象。

适合使用"白加"原则拍摄的对象	适合使用"黑减"原则拍摄的对象

7.5 曝光补偿在实拍中的典型应用

增加曝光补偿拍出皮肤白皙的人像

对人像摄影来说，曝光补偿增加+0.3EV~+0.7EV，可以拍出漂亮的人像肤色。方法是针对皮肤来测得曝光值（尤其是使用点测光方式对皮肤进行测光时更为准确），再增加一定的EV数值，可以使皮肤看起来更白皙。

以上仅针对拍摄美女、儿童而言，如果要拍摄老人或者黑色、棕色皮肤的人，抑或是身处矿山、煤井中的人，应该做负向曝光补偿，使其皮肤的色彩看上去更饱和、更深，以突出这类人群本身的年龄、职业等特性。

为了使女孩的皮肤看起来更加白皙、通透，因此在拍摄时增加了1挡曝光补偿，使其在画面中看起来非常青春、靓丽【焦距：200mm 光圈：f/3.5 快门速度：1/320s 感光度：100】

增加曝光补偿还原曝光正确的雪景

由于雪的光线反射率很高，如果按照相机给出的测光值曝光，会导致拍摄出的雪偏灰色，所以拍摄雪景时一般都要使用曝光补偿功能对曝光进行修正，通常需要增加0.3挡~2挡曝光补偿。

需要注意的是，并不是所有的雪景都需要进行曝光补偿，如果所拍摄的白雪面积较小，则无须进行曝光补偿处理。

拍摄雪景时增加了2挡曝光补偿，得到明亮的画面，遍地的白雪在蓝天的衬托下看起来非常干净、明亮【焦距：18mm 光圈：f/8 快门速度：1/250s 感光度：100】

◉ 减少曝光补偿使画面色彩更浓郁

曝光参数对画面色彩的影响很大，曝光越充分，画面中景物的颜色越明亮、轻淡；反之，如果曝光不够充分，则画面中景物的颜色会显得深暗、浓郁。

因此，在正常曝光的基础上适当降低曝光补偿，可以让拍摄对象的色彩看起来更加浓郁。

如果拍摄的是蓝天，可以通过减少曝光补偿，使画面中的天空看上去更蓝；而如果拍摄的是花卉，则可以通过减少曝光补偿，使画面中花朵的色彩看上去更鲜艳。

↑ 拍摄夕阳晚景时，减少1挡曝光补偿后可看出画面中的天空颜色更加橘红，最后一抹金灿灿的光线也更加突出【焦距：200mm 光圈：f/9 快门速度：1/1000s 感光度：100】

◉ 减少曝光补偿拍摄出背景深暗简洁的画面

在拍摄花卉、静物时，为了使画面更简洁，可以使用点测光模式对准前景处拍摄对象相对较亮的区域进行测光，从而保证拍摄对象的曝光是准确的，然后通过对照片做负向曝光补偿，使背景因曝光不足被压暗，甚至成纯黑色，从而凸显前景处的拍摄主体。

↑ 由于背景没有被光照射到，减少曝光补偿后可使背景几乎成黑色，将花卉的颜色衬托得更鲜艳【焦距：100mm 光圈：f/5 快门速度：1/320s 感光度：200】

7.6 掌握无需补偿曝光的全手动曝光模式（M）

❂ 全手动曝光模式（M）的优点

当使用全手动曝光模式（M）进行拍摄时，相机的所有智能分析、计算功能将不工作，所有拍摄参数都由摄影师手动设置。

使用M挡全手动曝光模式拍摄有以下优点。

- 首先，使用M挡全手动曝光模式拍摄时，当摄影师设置好恰当的光圈、快门速度后，即使移动镜头进行再次构图，光圈与快门速度的数值也不会发生变化，这一点不像其他曝光模式，在测光后需要进行曝光锁定，才可以进行再次构图。

- 其次，使用其他曝光模式拍摄时，往往需要根据场景的亮度，在测光后进行曝光补偿操作；而在M挡全手动曝光模式下，由于光圈与快门速度的数值都由摄影师来设定，因此设定的同时就可以将曝光补偿考虑在内，从而省略了曝光补偿的设置过程。拍摄时，摄影师可以按自己的想法让影像曝光不足，以使照片显得较暗，给人忧郁的感觉；也可以让影像曝光过度，以拍摄出明快的高调照片。

- 另外，在摄影棚使用频闪灯或外置的非专用闪光灯拍摄时，由于无法使用相机的测光系统，需要使用闪光灯测光表或通过手动计算来确定正确的曝光值，此时就需要手动设置光圈和快门速度，从而获得正确的曝光。

操作方法：在全手动曝光模式下，转动主拨盘🔘可以调节快门速度值，转动速控转盘◎可以调节光圈值

⬇ 这组图片是在室内拍摄的，由于光照条件基本相同，所以使用M挡设置好曝光参数之后，就可以把注意力集中在模特的动作和表情上，使拍摄变得更加方便

【焦距：85mm 光圈：f/5.6 快门速度：1/320s 感光度：100】

【焦距：85mm 光圈：f/5.6 快门速度：1/320s 感光度：100】

⬡ 判断曝光状况的方法

为避免出现曝光不足或曝光过度的问题，Canon EOS 5D Mark Ⅳ相机提供了提醒功能，即在曝光不足或曝光过度时，可通过观察速控屏幕和取景器中的曝光量指示标尺的情况来判断是否需要修改当前的曝光参数组合，以及应该如何修改当前的曝光参数组合。

判断的依据就是当前曝光量标志游标的位置，当其位于标准曝光量标志的位置时，就能获得相对准确的曝光，可以通过改变光圈或快门速度来左右移动当前曝光量标志。

需要特别注意的是，如果希望拍出曝光不足的低调照片或曝光过度的高调照片，需要通过调整光圈与快门速度，使当前曝光量游标处于正常曝光量标志的左侧或右侧。默认情况下，如果当前曝光量标志在正常曝光量标志的左侧。则当前照片处于曝光不足状态，且标志越向左侧偏移，曝光不足程度越高；反之，如果当前曝光量标志在正常曝光量标志的右侧，则当前照片处于曝光过度状态，且标志越向右侧偏移，曝光过度程度越高。

当前曝光量标志　　正常曝光量标志

操作方法：使用M挡拍摄风景照片时，不用考虑曝光补偿和曝光锁定，当曝光量标志位于标准曝光量标志的位置时，就能获得相对准确的曝光。

⬇ 即使是拍摄一些需要曝光不足或曝光过度的画面时，也可以在取景器里通过调整曝光量标志游标的位置，得到最终想要的画面效果【焦距：95mm 光圈：f/7.1 快门速度：1/1000s 感光度：100】

Chapter 08 掌握对焦秘籍

8.1 了解对焦

◉ 认识对焦

对焦是成功拍摄的重要前提之一，准确对焦可以让主体在画面中清晰呈现，反之则容易出现画面模糊的问题，也就是所谓的"失焦"。

一个完整的拍摄过程往往如下所述。

首先，选定光线与拍摄主体，完成构图操作。

然后，通过操作将对焦点移至拍摄主体上需要合焦的位置，例如，在拍摄人像时通常以眼睛作为合焦处。

最后，半按快门启动相机的对焦、测光系统，并完全按下快门结束拍摄操作。

在这个过程中，对焦操作起到确保照片清晰度的作用。

➡ 将焦点置于蜻蜓的腹部，这样拍出来的画面在视觉上最舒服【焦距：100mm 光圈：f/5.6 快门速度：1/125s 感光度：400】

◉ 对焦点与照片清晰区域之间的关系

对焦点决定了拍摄场景中焦平面的位置，同时也使照片的清晰区域与模糊区域出现了相对明显的分界线。每一个摄影师都必须明白，当对焦点在场景中变化时，照片的清晰区域与模糊区域是如何变化的。

只有这样才能在照片的清晰区域出现在错误位置时，找到合适的解决方法。

⬆ 由于对焦位置不同，画面的清晰效果也不同【焦距：100mm 光圈：f/2.8 快门速度：1/40s 感光度：800】

不适于充当对焦点的对象

由于相机的对焦原理是基于对象间反差的，因此，所拍摄的对象反差越大越容易对焦。例如，拍摄白纸上的黑字或黑纸上的白字均极易对焦，因为文字与背景的反差很大。

但是，如果拍摄白纸上写的嫩黄色字或黑纸上写的深红色字时，则对焦难度将高于前者，因为文字与背景的反差缩小了。

当拍摄的是一张没有内容的纸时，无论这张纸是什么颜色，均无法对焦，因为拍摄对象上没有相机可以捕捉的反差细节。

因此，并不是所有对象都能够充当对焦点，无或低反差的对象不适合充当对焦对象，如大面积的白云，纯净的水面、冰面、墙面，纯色的背景布等。在拍摄时应该尽量避免此类对象，或采用手动对焦的方法拍摄此类对象。

对焦与照片的清晰度

照片中细节的可分辨性即为清晰度，在一张照片中能够辨识出来的细节越多，画面看起来就越清晰。除了镜头的质量、所使用的光圈是否会产生衍射效应等因素外，对焦的质量对照片清晰度影响是最大的。

除了物理性的清晰度外，还有一种是视觉感受上的清晰度，又被称为清晰感觉。对比度强的画面比对比度弱的画面给人感觉更清晰。

清晰度会直接影响画面的表现效果，因此，任意一位成功的摄影师都必然具备精湛的对焦技术，能够在各种情况下精确对焦。

⬆ 这张照片中的花卉看上去清晰、锐利，是因为在拍摄时不仅使用了实时显示拍摄方式，还采取了架设三脚架、使用快门线来提及对焦等多项措施【焦距：100mm 光圈：f/2.8 快门速度：1/320s 感光度：100】

❂ 重构图与失焦

　　许多摄影爱好者都按先对焦、再调整相机位置重新构图的方法进行拍摄，但按此方法拍摄时，往往发现拍摄出来的照片多多少少会出现主体模糊的情况。其原因是由于重新构图时，摄影爱好者往往会轻微地前后移动相机，这样的调整会改变合焦时确定的焦平面。如果拍摄时所使用的光圈较小，失焦的现象不会很明显，但如果使用较大的光圈拍摄景深非常浅的画面时，失焦现象会变得很明显。

　　因此，完成对焦后如果需要重新构图，必须平行移动相机，不可前后移动相机，也不可倾斜相机。

⬆ 由于跳蛛位于画面的右侧，因此需要对焦后再重新构图。为避免出现失焦的现象，使用了三脚架来固定相机，并将相机平行移动构图【焦距：100mm 光圈：f/4 快门速度：1/200s 感光度：100】

❂ 最近对焦距离

　　最近对焦距离是指能够对拍摄对象合焦的最短距离。也就是说，如果拍摄对象到相机成像面的距离小于该距离，那么就无法完成合焦，即与相机的距离小于最近对焦距离的拍摄对象将会被全部虚化。

　　在实际拍摄时，拍摄者应根据拍摄对象的具体情况和拍摄目的来选择合适的镜头。

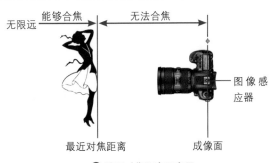

⬆ 最近对焦距离示意图

8.2 必须掌握的对焦模式

对焦是成功拍摄的重要前提之一，准确对焦可以让画面要表现的主体获得清晰的呈现，反之则容易出现画面模糊的问题，也就是所谓的"失焦"。

Canon EOS 5D Mark Ⅳ相机提供了AF自动对焦与MF手动对焦两种模式，而AF自动对焦又可以分为单次自动对焦、人工智能自动对焦、人工智能伺服自动对焦3种模式，使用这3种自动对焦模式一般都能够实现准确对焦，下面分别讲解它们的使用方法。

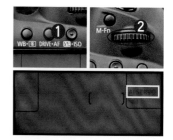

操作方法：按下DRIVE·AF按钮，然后转动主拨盘，可以在3种自动对焦模式间切换。

单次自动对焦（ONE SHOT）

单次自动对焦在合焦（半按快门时对焦成功）之后即停止自动对焦，此时可以保持半按快门状态重新调整构图，该自动对焦模式常用于拍摄静止或运动幅度不大的对象。

⬆ 在拍摄静态或运动幅度不大的题材时，使用单次自动对焦模式已完全可以满足拍摄需求

提示

当AF（自动对焦）发生不工作的现象时，首先要检查镜头上的对焦模式开关，如果镜头上的对焦模式开关处于MF挡，将不能自动对焦，此时将镜头上的对焦模式开关置为AF挡即可。另外，还要确保稳妥地安装了镜头，如果没有稳妥地安装镜头，则有可能无法正确对焦。

◉ 人工智能伺服自动对焦（AI SERVO）

选择人工智能伺服自动对焦模式后，当摄影师半按快门合焦后，保持快门的半按状态，相机会在对焦点中自动切换以保持对运动对象的准确合焦状态。如果在此过程中，拍摄对象位置发生了较大变化，相机会自动做出调整，以确保主体清晰。

这种对焦模式较适合拍摄运动中的鸟、昆虫、不断变换位置的运动员等对象。

➔ 在拍摄舞者时，使用人工智能伺服自动对焦模式可以随着舞者的动作变化而迅速改变对焦点，以保证获得焦点清晰的画面【焦距：200mm 光圈：f/7.1 快门速度：1/1000s 感光度：320】

◉ 人工智能自动对焦（AI FOCUS）

人工智能自动对焦模式适用于无法确定拍摄对象是静止还是运动状态的情况，此时相机会根据拍摄对象是否运动来自动选择单次对焦还是连续对焦。

例如，在动物摄影中，如果所拍摄的动物暂时处于静止状态，但有突然运动的可能性，此时应该使用该对焦模式，以保证将拍摄对象清晰地捕捉下来。在人像摄影中，如果模特不是处于摆拍的状态，随时有可能从静止变为运动状态，也可以使用这种对焦模式。

⬆ 在拍摄公园里玩耍的狗狗时，由于其动静不定，因此可使用人工智能自动对焦模式随着狗狗的动作变化而迅速改变对焦点，以保证获得焦点清晰的画面【焦距：200mm 光圈：f/6.3 快门速度：1/800s 感光度：200】

提示

在某些情况下，直接使用自动对焦功能拍摄时对焦会比较困难，此时除了使用手动对焦方法外，还可以按下面的步骤操作，使用对焦锁定功能进行拍摄。

1.设置对焦模式为单次自动对焦，将自动对焦点移至另一个与希望对焦的主体距离相等的物体上，然后半按快门按钮。

2.因为半按快门按钮时对焦已被锁定，因此可以在半按快门按钮的状态下，将自动对焦点移至希望对焦的主体上，重新构图后完全按下快门完成拍摄。

8.3 与对焦设置有关的菜单

人工智能伺服第一张图像优先

在使用人工智能伺服对焦模式拍摄动态的对象时，为了保证成功率，往往与连拍驱动模式组合使用，此时就可以根据个人的习惯来决定在拍摄第一张图像时，是优先进行对焦，还是优先保证快门释放。

❶ 在**自动对焦菜单**2中选择**人工智能伺服第一张图像优先**选项

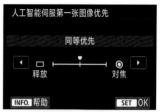

❷ 点击◀或▶图标选择不同的参数选项，然后点击 SET OK 图标确定

- 释放优先：选择此选项，将在拍摄第一张照片时优先释放快门，以保证能够抓取到瞬间影像，但此时可能会出现尚未精确对焦即释放快门，从而导致照片脱焦的问题。

- 同等优先：选择此选项，将采用对焦与释放均衡的拍摄策略，以尽可能拍摄到既清晰又能及时记录精彩瞬间的影像。

⬇ 在拍摄这种运动幅度不大的对象时，应选择"对焦优先"选项，以保证拍出清晰的画面【焦距：85mm 光圈：f/2.8 快门速度：1/250s 感光度：100】

- 对焦优先：选择此选项，相机将优先进行对焦，直至对焦完成后，才会释放快门，因而可以清晰、准确地捕捉到瞬间影像。选择此选项的缺点是，可能会由于对焦时间过长而错失精彩的瞬间。

◎ 人工智能伺服第二张图像优先

此菜单用于设置使用人工智能伺服对焦模式连拍时针对第二张照片，是以连拍速度优先还是对焦精度优先为原则进行拍摄。

- 速度优先：选择此选项，将在拍摄第二张照片时继续保持连拍速度，因此与在"人工智能伺服第一张图像优先"中选择"释放优先"相似，此时仍是牺牲部分对焦精度，而以释放快门为优先来保持高速连拍状态。

- 同等优先：选择此选项，将采用对焦与连拍释放均衡的拍摄策略，以尽可能拍摄到既清晰又能及时捕捉精彩瞬间的影像。

- 对焦优先：选择此选项，相机将优先对焦，直至对焦完成后才会释放快门，因而可以清晰、准确地捕捉到瞬间的影像。选择此选项的缺点是，可能会由于对焦时间过长而错失精彩的瞬间。

❶ 在**自动对焦菜单**2中选择**人工智能伺服第二张图像优先**选项

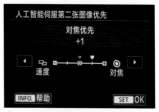

❷ 点击◀或▶图标选择不同的参数选项，然后点击 **SET OK**图标确定

◎ 自动对焦辅助光发光

在"自动对焦辅助光发光"菜单中可以设定是否开启相机闪光灯的自动对焦辅助光。

- 启用：选择此选项，将会发射自动对焦辅助光。
- 关闭：选择此选项，将不发射自动对焦辅助光。
- 只发射红外自动对焦辅助光：选择此选项，只有具有红外线自动对焦辅助光的闪光灯能发射光线。这样可以防止使用装备有LED灯的EX系列闪光灯时，自动打开LED灯进行辅助自动对焦。

❶ 在**自动对焦菜单**3中选择**自动对焦辅助光发光**选项

提示

需要注意的是，如果要使用"自动对焦辅助光发光"功能，那么在外接闪光灯的设置中也同样要将菜单中的选项设置为"启用"，否则即使将该功能开启，闪光灯依然不会发射自动对焦辅助光。此功能在弱光环境下用于辅助对焦较为有效，但如果是在公共场合拍摄纪实题材，为了不影响拍摄对象，建议将此功能关闭。另外，如果是拍摄风光照片（拍摄近景风光除外），由于距离非常远，辅助灯不可能照射到那么远的距离，也建议关闭此功能。

❷ 选择所需的选项，然后点击 **SET OK**图标确定

⚙ 单次自动对焦释放优先

在Canon EOS 5D Mark Ⅳ中，不只为人工智能伺服对焦模式提供了多个设置选项，同时也为单次自动对焦模式提供了对焦或释放优先设置选项，以便满足用户多样化的拍摄需求。

例如，在一些弱光或不易对焦的场合，使用单次自动对焦模式拍摄时，也可能会出现无法对焦而导致错失拍摄时机的问题，此时就可以在此菜单中进行设置。

❶ 在**自动对焦菜单**3中选择**单次自动对焦释放优先**选项

- 对焦优先：将滑块移至"对焦"端，相机将优先对焦，直至对焦完成后才会释放快门，因此可以清晰、准确地捕捉到瞬间影像。选择此选项的缺点是，可能会由于对焦时间过长而错失精彩的瞬间。
- 释放优先：将滑块移至"释放"端，将在拍摄时优先释放快门，以保证抓取到瞬间影像，但此时可能会出现尚未精确对焦即释放快门，而导致照片脱焦变虚的情况。适用于无论如何都想要抓住瞬间拍摄机会的情况，如突发事件、绝无仅有的场景等。

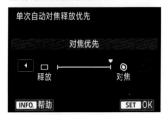

❷ 点击◀或▶图标可选择**对焦**或**释放**选项，然后点击 SET OK 图标确定

⚙ 提示音

提示音最常见的作用就是在对焦成功时发出清脆的声音，以便确认是否对焦成功。

除此之外，提示音在自拍时会用于自拍倒计时提示。

- 启用：开启提示音后，在合焦或自拍时，相机会发出提示音提醒。
- 触摸 ♪：选择此选项，只在触摸屏操作期间关闭提示音。
- 关闭：关闭提示音后，在合焦或自拍时，提示音不会响。

❶ 在**拍摄菜单**1中选择**提示音**选项

> **提示**
>
> 提示音对确认合焦很有帮助，同时在自拍时还能起到很好的提示作用，所以建议将其设置为"启用"。

❷ 点击选择所需的选项

⮜ 由于微距画面的景深非常小，轻微的失焦拍出的画面都能看清楚，因此可开启提示音来提醒自己对焦是否正确【焦距：100mm 光圈：f/4.5 快门速度：1/250s 感光度：200】

8.4 5D Mark Ⅳ对焦点的使用技巧

❂ 自动对焦区域选择模式

Canon EOS 5D Mark Ⅳ拥有61个对焦点，其中包括了41个十字形对焦点，并提供了6种自动对焦区域选择模式，为更好地进行准确对焦提供了强有力的保障。

操作方法：按下自动对焦点选择按钮⊞，然后按下自动对焦区域选择按钮❖或多功能按钮M-Fn，即可在不同自动对焦区域选择模式之间切换

虽然Canon EOS 5D Mark Ⅳ提供了7种自动对焦区域选择模式，但是每个人的拍摄习惯和拍摄题材不同，这些模式并非都是常用的，甚至有些模式几乎不会用到，因此可以在"选择自动对焦区域选择模式"菜单中自定义可选择的自动对焦区域选择模式，以简化拍摄时的操作。

❶ 在**自动对焦菜单4**中选择**选择自动对焦区域选择模式**选项

❷ 点击选择常用的自动对焦区域选择模式，添加勾选标志，选择完成后点击选择**确定**选项

❖ 拍摄草丛后的人像时，为了避免杂草干扰对焦，使用了单点自动对焦模式，得到人物清晰，周围环境虚化的画面【焦距：200mm 光圈：f/3.5 快门速度：1/320s 感光度：100】

手动选择：定点自动对焦

在此模式下，摄影师可以在61个对焦点中手动选择自动对焦点，但此模式的对焦区域较小，因此适合进行更小范围的对焦。如隔着笼子拍摄动物时，可能会需要更小的对焦点对笼子里面的动物进行对焦。但也正由于对焦区域小，因此在手持拍摄或移动对焦时，可能会出现无法合焦的问题。

手动选择：单点自动对焦

单点自动对焦是只使用一个手动选择的自动对焦点合焦的模式，在此模式下，摄影师可以手动选择对焦点的位置，Canon EOS 5D Mark Ⅳ共有61个对焦点可供选择。在拍摄静物和风景时，单点自动对焦区域模式也特别有用。

提示

定点自动对焦的特性就是对很小的区域合焦，所以不适合使用人工智能伺服自动对焦模式捕捉快速移动的拍摄对象。

⬇ 要将停靠在树枝上的小鸟对焦清晰，可选择对焦范围更小的定点自动对焦，即使是枝叶繁茂的情况下，也可实现精确对焦的目的【焦距：200mm 光圈：f/2.8 快门速度：1/1250s 感光度：200】

扩展自动对焦区域（十字/周围）

这两种模式也可以理解为单点自动对焦手动选择模式的一个升级版，即仍然以手动选择单个对焦点的方式进行对焦，并在当前所选的对焦点周围，会有多个辅助对焦点进行辅助对焦，从而得到更精确的对焦结果。这两种模式的不同之处在于，扩展自动对焦区域（十字）是在当前对焦点的上、下、左、右扩展出几个辅助对焦点；而扩展自动对焦区域（周围）则是在当前对焦点周围扩展出几个辅助对焦点。

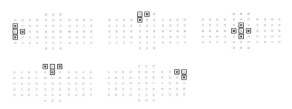

↑ 扩展自动对焦区域（十字）的对焦点示意图

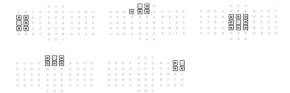

↑ 扩展自动对焦区域（周围）的对焦点示意图

提示

此自动对焦区域模式在拍摄体育题材时经常被采用，其优点在于，当拍摄对象（如快速移动的运动员）从手动选择的自动对焦点上偏离时，相机能够自动切换到邻近（上、下、左、右或周围）的自动对焦点连续对拍摄对象合焦，因此适合拍摄移动速度快、一个自动对焦点很难连续追踪的拍摄对象。

手动选择：区域自动对焦

在此模式下，相机的61个自动对焦点被划分为9个区域，每个区域中分布了9或12个对焦点，当选择某个区域进行对焦时，则此区域内的对焦点将自动进行对焦（类似61点自动对焦自动选择模式的工作方式）。

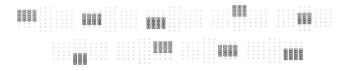

↑ 采用区域自动对焦手动选择模式选择不同区域时的状态

提示

与扩展自动对焦区域模式不同，区域自动对焦模式是在一个相对小的对焦区域内（即9个或12个小区域中的某一个），由相机识别拍摄对象进行自动合焦。因此，这种模式适用于要拍摄的拍摄对象本身或想对其合焦的部分比较大，且对精确合焦位置要求不太高的情况。例如，在拍摄鞍马运动员时，如果仅希望清晰地捕捉手部的动作，且对合焦的位置并没有过多的要求时，就可以使用这种自动对焦区域模式。

手动选择：大区域自动对焦

在此模式下，相机的61个自动对焦点被划分为左、中、右三个对焦区域，每个区域中分布有20个或21个对焦点。由于此对焦模式的对焦区域比区域自动对焦更大，因此更易于捕捉运动的主体。但使用此对焦模式时，相对只会自动将焦点对焦于距离相机更近的被摄体区域上，因此无法精准指定对焦位置。

⬆ 采用大区域自动对焦模式选择不同区域时的状态

自动选择：61点自动对焦

61点自动对焦是最简单的自动对焦区域模式，此时将完全由相机决定对哪些对象进行对焦（相机总体上倾向于对距离镜头最近的主体进行对焦），在主体位于前面或对对焦要求不高的情况下较为适用。如果是较严谨的拍摄，建议根据需要选择其他自动对焦区域模式。

提示

使用61点自动对焦自动选择模式时，在单次自动对焦模式下，对焦成功后将显示所有成功对焦的对焦点；在人工智能伺服自动对焦模式下，将优先针对手选对焦点所在的区域进行对焦。在拍摄对象较小等情况下，有时无法合焦。

◀ 拍摄体育赛事时使用61点自动对焦，相机会根据拍摄主体的位置智能选择最接近的对焦点【焦距：200mm 光圈：f/4 快门速度：1/1250s 感光度：100】

◉ 自动对焦区域选择方法

在此菜单中可以根据个人的操作习惯设置自动对焦区域的选择方法。

❶ 在**自动对焦菜单4**中选择**自动对焦区域选择方法**选项

❷ 点击◎选择不同的选项，然后选择 SET OK 图标确定

- ⊞ ➔ M-Fn按钮：选择此选项，在按下⊞按钮后，每次按M-Fn按钮，即可改变自动对焦区域选择模式。
- ⊞ ➔ 主拨盘：选择此选项，在按下⊞按钮后，每次转动主拨盘，即可改变自动对焦区域选择模式。

◉ 手选对焦点的方法

在使用P、Tv、Av、M、B曝光模式下，除61点自动对焦自动选择模式外，其他6种自动对焦区域模式都支持手动选择对焦点或对焦区域（区域自动对焦），以便根据对焦需要进行选择。

在选择对焦点/对焦区域时，先按下机身上的自动对焦点选择按钮⊞，然后在液晶监视器上使用多功能控制钮在8个方向上设置对焦点的位置，如果垂直按下多功能控制钮，则可以选择中央对焦点/区域。

操作方法：按下相机背面右上方的自动对焦点选择按钮⊞，然后拨动多功能控制钮❖，可以调整单个对焦点的位置。

❶ 采用手选对焦点的方式拍摄，保证了对人物的灵魂——眼睛进行准确的对焦【焦距：100mm 光圈：f/2.8 快门速度：1/25s 感光度：100】

提示

转动主拨盘可以在水平方向上切换对焦点，转动速控转盘◎可以在垂直方向上切换对焦点。

◈ 设置自动对焦点数量

虽然Canon EOS 5D Mark Ⅳ提供了多达61个对焦点，但并非拍摄所有题材时都需要使用这么多的对焦点，我们可以根据实际拍摄需要，选择可用的自动对焦点的数量。例如，在拍摄静止人像或静物时，使用15个甚至9个对焦点就完全可以满足拍摄需求了。在这种情况下，摄影师可以通过设置"可选择的自动对焦点"选项，将对焦点缩减到15个，以避免由于对焦点过多而导致手动选择对焦点时效率较低的情况。

❶ 在**自动对焦菜单4**中选择**可选择的自动对焦点**选项

❷ 点击选择所需的参数选项，然后点击 SET OK 图标确定

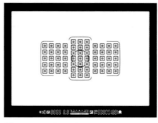

⬆ 61个自动对焦点

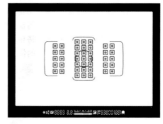

⬆ 仅限十字型自动对焦点

⬆ 15个自动对焦点

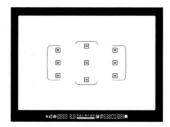

⬆ 9个自动对焦点

◈ 手动选择自动对焦点的方式

该菜单用于确定手动选择自动对焦点时，对焦点到达对焦区域最外侧时是否停止。

■ 在自动对焦区域的边缘停止：选择此选项，自动对焦点到达自动对焦区域的边缘将停止。如果是经常使用位于边缘的自动对焦点则较为方便。

■ 连续：选择此选项，继续按多功能控制按

❶ 在**自动对焦菜单5**中选择**选择自动对焦时的移动方式**选项

❷ 点击○选择不同的选项，然后点击 SET OK 图标确定

钮时自动对焦点不会在外侧边缘停止（①），而是继续前进到相反一侧（②）。

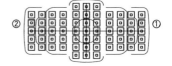

8.5 8种应该使用手动对焦的情况

在以下8种情况时，使用自动对焦不如使用手动对焦拍摄的成功率更高。

操作方法：将镜头上的对焦模式切换器设为MF，即可切换至手动对焦模式。

弱光环境	低反差物体	拍摄微距题材	拍摄野生动物
在弱光环境下，物体的反差很小，而对焦系统依赖物体的反差度进行对焦。除非使用对焦辅助灯或其他灯光照亮被拍摄的对象，否则应该使用手动对焦来完成对焦操作	当拍摄低反差物体，如墙面、水面、冰面时，相机很难自动对焦。比较可行的办法是在同一个焦平面上寻找高反差对象完成对焦后，再将相机平移至希望完成对焦的位置	当使用微距镜头拍摄微距题材时，由于画面的景深极浅，自动对焦系统通常会跑焦，比较可行的方法是以手动对焦进行拍摄，拍摄时通过前后左右轻微移动相机使焦点落在希望合焦的位置上	大部分野生动物听力极佳，如果拍摄时距离动物较近，则应该依靠手动对焦来拍摄，以避免自动对焦系统运行时惊扰动物

透过玻璃拍摄	拍摄运动物体	拍摄HDR合成素材	拍摄风光
通常应该尽量避免透过玻璃拍摄，但有时可能无法避免，如在飞机上，水族馆中等。此时如果不紧贴玻璃进行拍摄，则自动对焦系统会将焦点锁定在玻璃的倒影上。因此比较可靠的方法是使用手动对焦	拍摄高速运动的物体时，使用自动对焦的成功率跟摄影师本身的经验有很大关系，一个比较可行的方法是使用手动对焦的方式进行拍摄	在制作HDR照片时，要求所有单张素材照片有相同的对焦点。如果使用自动对焦，每张照片的焦点都会有轻微的变化，因此应该使用手动对焦	拍摄风光时，要想从前景到远处都保持清晰，通常使用较小的光圈并将焦点对准在画面前1/3处，以获得最大景深。要使用手动对焦，否则即便轻微改变构图时，相机也会在按下快门后重新对焦，改变画面的景深

提示

图像模糊不聚焦或锐度较低时，可以从以下三个方面进行检查。

1. 按快门按钮时相机是否在移动？按快门按钮时要确保相机稳定，尤其在拍摄夜景或在黑暗的环境中拍摄时，快门速度应高于正常拍摄条件下的快门速度。应尽量使用三脚架或遥控器，以确保拍摄时相机保持稳定。

2. 镜头和主体之间的距离是否超出了相机的对焦范围？如果超出了对焦范围，应该调整主体和镜头之间的距离。

3. 取景器的AF点是否覆盖了主体？相机会对焦取景器中AF点覆盖的主体，如果因为所处位置使AF点无法覆盖主体，可以利用对焦锁定功能来解决。

8.6 常见拍摄题材的正确对焦位置

　　掌握前面章节所讲述的各种对焦技巧后，还必须要了解在拍摄时应该如何确定对焦位置，下面列举了几种常见拍摄题材的推荐对焦位置。

大场景风光对焦位置	人像对焦位置	动物对焦位置
拍摄大场景风光时，通常要求整个画面的前景与背景均比较清晰，拍摄时要使用小光圈拍摄，并对焦于画面前1/3处	拍摄小景深人像时，为了突出人物的神韵，应对焦在其眼睛上，这样在视觉习惯上也会比较舒服	拍摄动物时，与拍摄人像的方法类似，应对焦在其眼睛上，这样拍出来的画面比较有神
对焦位置	对焦位置	对焦位置
花卉对焦位置	**流水对焦位置**	**昆虫对焦位置**
拍摄花卉时，为了使其在花丛中脱颖而出应使用大光圈，并对焦在其花蕊或中间位置	拍摄流水时，应该将焦点对准在静止的对象上，例如，旁边的植物、岩石等，从而使整个场景在经过长时间曝光后，形成鲜明的动静对比	拍摄昆虫时，可根据昆虫的外形特色来选择对焦的位置，对焦点通常会在其美丽的翅膀或好看的纹理上
对焦位置	对焦位置	对焦位置

Chapter 09 拓展拍摄实力的镜头

9.1 了解关于镜头的一些概念

佳能镜头参数详解

镜头名称中包括了很多数字和字母，EF系列镜头采用了独立的命名体系，各数字和字母都有特定的含义，能够熟记这些数字和字母代表的含义，就能很快地了解一款镜头的性能。

EF 24-105mm f/4 L IS USM

❶   ❷   ❸   ❹

❶ 镜头种类

■ EF

EOS相机所有卡口的镜头均采用此标记。如果是EF，则不仅可用于胶片单反相机，还可用于全画幅、APS-H尺寸以及APS-C尺寸的数码单反相机。

■ EF-S

EOS数码单反相机中使用APS-C尺寸图像感应器机型的专用镜头。S为Small Image Circle（小成像圈）的首字母缩写。

■ MP-E

最大放大倍率在1倍以上的"MP-E 65mm f/2.8 1-5x 微距摄影"镜头所使用的名称。MP是Macro Photo（微距摄影）的缩写。

■ TS-E

可将光学结构中一部分镜片倾角或偏移的特殊镜头的总称，也就是人们所说的"移轴镜头"。佳能原厂有24mm、45mm、90mm共3款移轴镜头。

❷ 焦距

表示镜头焦距的数值。定焦镜头采用单一数值表示，变焦镜头分别标记焦距范围两端的数值。

❸ 最大光圈

表示镜头所拥有最大光圈的数值。光圈恒定的镜头采用单一数值表示，如EF 70-200mm f/2.8 L IS USM；浮动光圈的镜头标出光圈的浮动范围，如EF-S 18-135mm f/3.5-5.6 IS。

❹ 镜头特性

■ L

L为Luxury（奢侈）的缩写，表示此镜头属于高端镜头。此标记仅赋予通过了佳能内部特别标准的、具有优良光学性能的高端镜头。

■ II、III

镜头基本上采用相同的光学结构，仅在细节上有微小差异时添加该标记。II、III表示是同一光学结构镜头的第2代和第3代。

■ USM

表示自动对焦机构的驱动装置采用了超声波马达（USM）。USM将超声波振动转换为旋转动力从而驱动对焦。

■ 鱼眼（Fisheye）

表示对角线视角180°（全画幅时）的鱼眼镜头。之所以称为鱼眼，是因为其特性接近于鱼从水中看陆地的视野。

■ SF

被佳能EF 135mm f/2.8 SF镜头使用。其特征是利用镜片5种像差之一的"球面像差"来获得柔焦效果。

■ DO

表示采用DO镜片（多层衍射光学元件）的镜头。其特征是可利用衍射改变光线路径，只用一片镜片对各种像差进行有效补偿，此外还能够起到减轻镜头重量的作用。

■ IS

IS是Image Stabilizer（图像稳定器）的缩写，表示镜头内部搭载了光学式手抖动补偿机构。

■ 小型微距

最大放大倍率为0.5的"EF 50mm f/2.5 小型微距"镜头所使用的名称。表示是轻量、小型的微距镜头。

■ 微距

通常将最大放大倍率在0.5~1倍（等倍）范围内的镜头称为微距镜头。EF系列镜头包括了50mm~180mm各种焦段的微距镜头。

■ 1-5x微距摄影

数值表示拍摄可达到的最大放大倍率。此处表示可进行等倍至5倍的放大倍率拍摄。在EF镜头中，将具有等倍以上最大放大倍率的镜头称为微距摄影镜头。

⊙ 定焦镜头与变焦镜头

简单来说，定焦镜头的焦距固定不可变，变焦镜头的焦距可以在某一范围内变化。

定焦镜头拥有光学结构简单、最大光圈很大、成像质量优异等特点，在相同焦段的情况下，定焦镜头往往可以和价值数万元的专业镜头媲美。其缺点是由于焦距不可调节，机动性较差，不利于拍摄时进行灵活的构图。

↑ 佳能EF 50mm F1.2 L USM定焦镜头

变焦镜头的焦段非常广，并可根据主要的焦段范围将其分为广角镜头、中焦镜头以及长焦镜头等类型，这种便利性使它深受广大摄影爱好者的欢迎。不过由于变焦镜头的历史较短、光学结构复杂、镜片数较多等特点，使得它的生产成本很高。少数恒定大光圈，成像质量优异的变焦镜头价格昂贵，通常在万元以上。变焦镜头的最大光圈较小，能够达到恒定f/2.8光圈就已经是顶级镜头了，当然在售价上也是"顶级"的。

↑ 佳能EF 70-200mm F2.8 L Ⅱ IS USM变焦镜头

⊙ 恒定光圈镜头与浮动光圈镜头

所谓恒定光圈，即指在镜头的任何焦段下都拥有相同的光圈。对于定焦镜头而言，其焦距是固定的，光圈也是恒定的。因此，恒定光圈对于变焦镜头的意义更为重要。例如佳能EF 24-70mm f/2.8 L USM镜头就是拥有恒定f/2.8的大光圈，可以在24mm～70mm的任意一个焦距下拥有f/2.8的大光圈，以保证充足的进光量，或更好的背景虚化效果。

↑ 佳能EF 24-70mm f/2.8 L USM

浮动光圈则是指光圈会随着焦距的变化而改变，例如，佳能EF 28-300mm f/3.5-5.6 L IS USM镜头，当焦距为28mm时，最大光圈为f/3.5；而焦距为300mm时，其最大光圈就自动变为了f/5.6。

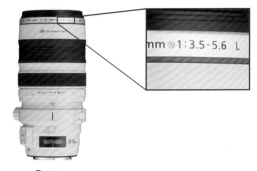

↑ 佳能 EF 28-300mm f/3.5-5.6 L IS USM

镜头的防抖功能

佳能的防抖系统全称为Image Stabilizer，简写为IS，目前最新的防抖技术最高可在低于安全快门4倍的快门速度下获得清晰的影像。但要注意的是，防抖系统只是提供一种校正功能，在使用时还要注意以下几点。

- 防抖系统成功校正抖动是有一定概率的，这与个人的手持能力有很大关系。通常情况下，使用低于安全快门两倍以内的快门速度拍摄时，成功校正的概率比较高。

- 当快门速度高于安全快门1倍以上时，建议关闭防抖系统，否则防抖系统的校正功能可能会影响原本清晰的画面，导致画质下降。

- 在使用三脚架保持相机稳定时，建议关闭防抖系统。因为在使用三脚架时，不存在手抖的问题，而开启了防抖功能后，其微小的震动反而会造成图像质量下降。值得一提的是，很多防抖镜头同时还带有三脚架检测功能，即它可以检测到三脚架细微震动造成的拉动并进行补偿，因此，在使用这种镜头拍摄时，不应关闭防抖功能。

↑ 有IS防抖功能标志的佳能镜头

提示

虽然在弱光条件下拍摄时，具有IS功能的镜头允许摄影师使用更低的快门速度，但实际上IS功能并不能代替较高的快门速度。要想得到出色的高清晰照片，仍然需要用较高的快门速度来捕捉瞬间的动作。不管IS功能多么出色，使用高速快门才能够清晰捕捉到快速移动的拍摄对象，这一原则是不会改变的。

← 弱光下拍摄人像时，开启镜头的防抖模式，可以有效避免因手抖造成的画面模糊，因此能获得清晰画质【焦距：170mm 光圈：f/5.6 快门速度：1/250s 感光度：500】

9.2 广角镜头的概念及运用技巧

❂ 广角镜头的焦距范围

　　广角镜头是指等效焦距小于35mm，视角大于标准镜头的一类镜头，其典型的焦距有24mm、17mm等。

　　广角镜头的特点是景深大，有利于将纵深大的场景清晰地表现出来。由于其视角大，从而可以在画面中包含更宽广的场景。广角镜头可将眼前更广阔的场景纳入取景器内，这种镜头对空间的表现力尤为出色，可以使画面远近的透视感更加强烈，极大地增强画面的视觉冲击力。

❂ 与Canon EOS 5D Mark IV搭配使用的广角镜头

EF 17-40mm f/4 L USM | 经济实惠的红圈广角镜头

　　这款镜头是"佳能小三元"中的一员，跟"大三元"中的EF 16-35mm f/2.8镜头相比，只是小了一挡光圈而已，这款镜头只要4000元左右就可买到，比不少EF-S镜头还便宜。

　　这款镜头使用了一片UD超低色散镜片，能有效减少光线的色散，提高镜头的反差和分辨率，还使用了3片非球形镜片，大大地降低了广角成像畸变。

　　它的成像质量非常优异，配得上红圈L头的称号，广角畸变的控制异常出色。装在Canon EOS 5D Mark IV上，等效焦距是27mm~64mm，和28mm~70mm的焦距范围非常接近，适合拍摄风光，同时也能满足其他日常拍摄的要求。

　　需要特别指出的是，这款镜头拥有很高的光学性能，在最大光圈下便可获得锐利成像，方便了实时显示拍摄时的手动对焦。特别是在夜景拍摄中，慧星像差（圆形光变形为椭圆形光的现象）较少，图像周边画质稳定，可进行精确的对焦，且不必大幅收缩光圈也能获得良好的画质。

镜片结构	9组12片
光圈叶片数	7
最大光圈	f/4
最小光圈	f/22
最近对焦距离（cm）	28
最大放大倍率	0.24
滤镜尺寸（mm）	77
规格（mm）	83.5×96.8
重量（g）	475

⬆【焦距：17mm 光圈：f/22 快门速度：1s 感光度：100】

EF 16-35mm f/2.8 L Ⅱ USM｜覆盖常用广角焦段的高性能大光圈镜头

这款广角变焦镜头接装在Canon EOS 5D Mark Ⅳ 相机上，可以说基本覆盖了常用的广角焦距。在恒定 f/2.8的大光圈下，长焦端用于拍摄环境人像也是非常 不错的选择。

在镜片组成上，采用了3片研磨、复合及超精度模 铸非球面镜片，同时还包括了两枚UD镜片，对提高画 质、校正像差等起到了非常重要的作用。

作为L级镜头，在卡口、变焦环、对焦环等位置都 做了密封处理，具备良好的防尘、防潮性能。

需要注意的是，这款镜头是佳能旗下首个采用 82mm滤镜尺寸的L镜头，与以往大三元77mm的滤镜尺寸 不同，因此在滤镜的使用上并不通用，如果比较介意 这一点的话，应慎重购买。

镜片结构	12 组 16 片
光圈叶片数	7
最大光圈	f/2.8
最小光圈	f/22
最近对焦距离（cm）	28
最大放大倍率	0.22
滤镜尺寸（mm）	82
规格（mm）	88.5×111.6
重量（g）	640

⊙ 利用超广角焦段独有的桶形畸变效果拍出建筑的视觉冲 击力【焦距：16mm 光圈：f/9 快门速度：1/320s 感光度： 100】

◉ 利用广角镜头拍出气势磅礴的风光

广角镜头对空间的表现尤为出色，使用这种镜头进行拍摄，可以将眼前更广阔的场景纳入取景器。

利用广角镜头的这一优势拍摄风光照，可以获得较为宽广的视角，将风光的壮美、宽广气势充分地呈现在画面中。

➡ 使用广角镜头拍摄的风景画面视野比较开阔，可以很好地表现出大气的感觉【焦距：18mm 光圈：f/20 快门速度：1/320s 感光度：100】

◉ 利用广角镜头拉长模特的身材

如果要利用广角镜头修饰模特的身材，首先要使用竖构图。拍摄时将画面分为三等份，模特的头和身体安排在画面中间一等份的位置，因为这个区域变形程度最轻；将模特的腿安排在最下面那一等份的位置，由于广角镜头的变形是从中间开始向上、下、左、右拉伸延长的，因此当腿在此位置时，就会被拉长，从而轻松拍出长腿美女。

另外，要靠近模特拍摄，这样才可以充分发挥广角端的特性。如果拍摄时离模特太远，会使主体显得不够突出，且带入太多背景也会使画面显得杂乱。

⬆ 利用广角镜头拍摄美女时，由于透视效果，可使其腿部看起来更显修长、纤细【焦距：16mm 光圈：f/4 快门速度：1/25s 感光度：320】

利用广角镜头增强建筑物的视觉冲击力

在拍摄高耸的建筑时，常常以广角镜头仰视拍摄，这样可以利用广角镜头的线条拉伸效应，使建筑具有透视变形效果，从而强化、夸大建筑高耸的特征，营造其雄伟的气势，增强视觉冲击力。在拍摄时要注意所选择的拍摄位置不要距离建筑物过近，否则会使建筑在画面中产生较大的畸变。

除仰视拍摄建筑外，在以平视角度拍摄走廊、桥体、建筑群时，也可以用广角镜头的这一特性，使画面出现较强的纵深感、空间感。

⬆ 由于广角镜头强烈的透视效果，使得画面中的建筑显得高耸入云，很有视觉冲击力【焦距：17mm 光圈：f/8 快门速度：1/250s 感光度：100】

9.3 标准镜头的概念及运用技巧

标准镜头的焦距范围

标准定焦镜头的焦距范围通常在35mm~85mm，它所拍摄的影像接近于人眼正常的视角范围，其透视关系接近于人眼所感觉到的透视关系，因此，标准镜头能够逼真地再现拍摄对象的影像。

标准变焦镜头通常有广角端到长焦端，但长焦端通常不超过135mm，如EF 24-105mm f/4 L IS USM、EF 24-70mm f/2.8 L USM等镜头均是如此。

标准定焦镜头的焦距是固定的，因此在拍摄时如果要调整景别，摄影师就必须走动。标准变焦的焦距是浮动的，如果要调整景别，摄影师可以通过转动变焦环来完成，因此拍摄时会更加轻松、自由一些。

➡ 标准镜头的效果接近人眼的视觉，因此非常适合用来拍人像【焦距：70mm 光圈：f/2.8 快门速度：1/640s 感光度：160】

EF 50mm f/1.2 L USM | 超大光圈带来独具魅力的浅景深虚化

这款标准定焦镜头采用了最新的光学技术，在用料上可谓不遗余力，其尺寸达到了85.8mm×65.5mm，重量更是达到了580g，这样的镜头配在Canon EOS 5D Mark Ⅳ相机身上，重量还算平衡。

作为一款超大光圈镜头，其对焦速度是被大家重点关注的一个性能。这款镜头内置了高速CPU及优化设计的自动对焦算法，能够实现较高速的对焦——当然，在光圈全开的情况下，对焦速度还是有待改进的。

这款镜头采用了一枚高精度非球面镜片来降低球面像差，同时还提高了成像的锐度，并获得反差良好的高画质影像。而8叶光圈片则保证了镜头拥有极佳的虚化效果。

另外，作为一款L级镜头，其卡口部位采用了严格的防尘、防滴密封设计，即使在苛刻的环境下也能够从容拍摄。

镜片结构	6组8片
光圈叶片数	8
最大光圈	f/1.2
最小光圈	f/16
最近对焦距离（cm）	45
最大放大倍率	0.15
滤镜尺寸（mm）	72
规格（mm）	85.8×65.5
重量（g）	590

⬇【焦距：50mm 光圈：f/1.8 快门速度：1/640s 感光度：100】

EF 24-105mm f/4 L IS USM | 高性价比的标准变焦镜头

由于这款镜头经过了数码优化，因此用在数码单反相机上时，其性能要更加优异一些。这款拥有f/4大光圈的标准变焦L镜头，使用了1片超低色散（UD）镜片和3片非球面镜片，能有效控制畸变和色差。内置的IS影像稳定器，能够提供相当于提高3挡快门速度的抖动补偿。多层超级光谱镀膜及优化的镜片排放位置，可以有效抑制鬼影和眩光的产生。采用了圆形光圈并可全时手动对焦，还具有良好的防尘、防潮性能。

总的来说，该镜头全焦段都可以放心使用，光学素质比较平均，没有大的起伏。这款镜头的主要优点是通用性强、综合性能优异；缺点是变形大、边缘画质一般、四角失光较严重。所以，只要使用时想办法扬长避短，还是可以拍出高质量照片的。需要特别指出的是，这款镜头的最大光圈虽是f/4，但却拥有出色的虚化效果，可通过虚化获得令人印象深刻的效果。虽然虚化程度是由光圈大小决定的，但虚化效果的良莠则是与镜头结构等有关系。该镜头针对专业级开发，所以从设计之初，就将虚化效果作为命题之一来考虑，目的是使其兼具美丽的虚化和锐种的成像。

镜片结构	13组18片
光圈叶片数	8
最大光圈	f/4
最小光圈	f/22
最近对焦距离（cm）	45
最大放大倍率	0.23
滤镜尺寸（mm）	77
规格（mm）	83.5×107
重量（g）	670

⬇ 【焦距：100mm 光圈：f/3.5 快门速度：1/400s 感光度：100】

◉ 利用标准镜头拍出平实、自然的人像

　　标准镜头最大的特点之一就是几乎不会产生畸变，能够表现出真实、亲切、自然的人像，因而广泛应用于人像摄影领域中。

　　另外，标准的定焦镜头具有大光圈且价格较为便宜的特点，此焦距很适合拍摄人像，并可以获得非常好的浅景深效果。

　　也正因如此，对于APS-C画幅的相机而言，50mm焦距段的镜头被称为人像镜头，如EF 50mm f/1.2 L USM镜头。而对于全画幅的相机而言，85mm焦距段的镜头则是必备的人像镜头，例如，EF 85mm f/1.2 L II USM，它也被称为"人像镜皇"。

　　➡ 利用标准镜头拍摄人像，比较真实地还原了拍摄主体，使画面看上去更加平实、自然【焦距：85mm 光圈：f/2.8 快门速度：1/800s 感光度：100】

◉ 利用标准镜头拍摄真实的静物

　　在拍摄静物，尤其是在室内拍摄静物时，由于空间相对较小，建议使用标准镜头。

　　一方面借助标准镜头几乎不会让画面变形的特性，拍摄出真实的静物对象；另一方面，借助标准镜头的大光圈特性，可以提高快门速度。

　　⬆ 利用标准镜头的不变形性拍摄室内点心，很好地还原了其色泽和质感，给人一种垂涎三尺的感觉【焦距：85mm 光圈：f/6.3 快门速度：1/500s 感光度：200】

9.4 长焦镜头的概念及运用技巧

❂ 长焦镜头的焦距范围

当一款镜头的焦距超过135mm时，这款镜头可以被称为长焦镜头。长焦镜头可以把远处的景物拉得很近，因此经常用于拍摄特写。

长焦镜头的特点是景深小，有利于模糊背景，突出主体，机动性强。将较远距离的拍摄对象拉近拍摄时，不易受光线和环境影响，但由于成像后前景与背景的景物紧凑，空间感较差。

使用长焦镜头对相机的稳定性要求较高，

因为使用长焦镜头的安全快门速度要求较高。尤其是在弱光环境下，很容易拍摄出模糊的照片。所以建议提高ISO感光度或使用三脚架，可以提高拍摄的成功率。

另外，使用具有防抖功能的长焦镜头可以提高出片率，否则很可能因为手部轻微的颤抖导致照片模糊。正因如此，有防抖功能的镜头往往比没有防抖功能的镜头昂贵。

❂ 与Canon EOS 5D Mark Ⅳ搭配使用的长焦镜头

佳能 EF 70-300mm f/4-5.6 L IS USM｜用料最足的L级远摄变焦镜头

在70mm~300mm这个焦段下，佳能拥有多款不同定位的镜头，而这款L级远摄变焦镜头，可以说是所有同类镜头中用料最足的一款镜头。这款镜头配有两片UD（超低色散）镜片，可保证镜头在全焦段都具有较高的分辨率；搭载了浮动对焦机构，在全部拍摄距离内均能够获得高画质表现；优化的镜片配置与镀膜可以很好地抑制眩光和鬼影，从而能够获得良好的色彩平衡；所搭载的手抖动补偿机构——IS影像稳定器，可在全焦段下提供相当于约4级快门速度的手抖动补偿，除了提供用于普通拍摄的手抖动补偿"模式1"之外，还提供了用于追随拍摄等的手抖动补偿"模式2"。

镜片结构	14组19片
光圈叶片数	8
最大光圈	f/4~f/5.6
最小光圈	f/32~f/45
最近对焦距离（cm）	120
最大放大倍率	1:4.8
滤镜尺寸（mm）	67
规格（mm）	89×145
重量（g）	1050

◀ 【焦距：300mm 光圈：f/5.6 快门速度：1/1250s 感光度：200】

EF 70-200mm f/2.8 L Ⅱ IS USM｜顶级技术造就出的顶级镜头

这款"小白IS""爱死小白"的第二代产品，被人亲昵地冠以"小白兔"的绰号，它与Canon EOS 5D Mark Ⅳ接装在一起，不论是名字还是性能，都相当般配。

作为佳能EOS顶级L镜头的代表，它采用了5片UD（超低色散）镜片和1片萤石镜片，对色像差进行了良好的补偿。在镜头对焦镜片组（第二组镜片）配置的UD（超低色散）镜片，可以对对焦时容易出现的倍率色像差进行补偿。采用优化的镜片结构以及超级光谱镀膜，可以有效抑制眩光与鬼影。全新的IS影像稳定器可带来相当于约4级快门速度的抖动补偿效果。

总的来说，这款镜头囊括了几乎佳能所有的高新技术，性能上拥有绝对的保障，但昂贵的售价也确实不是人人都能负担得起的。

镜片结构	19组23片
光圈叶片数	8
最大光圈	f/2.8
最小光圈	f/32
最近对焦距离（cm）	120
最大放大倍率	0.21
滤镜尺寸（mm）	77
规格（mm）	89×199
重量（g）	1490

【焦距：70mm 光圈：f/2.8 快门速度：1/125s 感光度：400】

❖ 利用长焦镜头远距离拍摄动物

无论是拍摄家中的宠物、动物园中的动物，还是飞翔在天空或停落在树枝上的鸟类，长焦镜头都是首选。尤其是在拍摄飞鸟时，经常要用到400mm～800mm的超长焦镜头，即使是在动物园中拍摄，也建议使用200mm以上的长焦镜头。这是因为长焦镜头既可以在不打扰动物的情况下拍摄到最自然的状态，又可以虚化背景，虚化人工景物。

➡ 利用长焦镜头结合大光圈得到小景深的画面，不仅虚化了周围杂乱的环境，而且简洁的画面也令小鹿更加突出【焦距：300mm 光圈：f/4 快门速度：1/200s 感光度：400】

❖ 利用长焦镜头远距离拍摄儿童

为了避免儿童发现有人给自己拍照时产生紧张情绪，最好用长焦镜头抓拍，这样可以在尽可能不影响他们的情况下，拍摄到最真实、自然的照片。

另外，利用长焦镜头拍摄不仅能够将远处的儿童拉近，还可以压缩背景，使背景虚化，更好地突出儿童。

⬆ 利用长焦镜头拍摄儿童，可以在其没有注意的情况下，帮助摄影师拍摄到自然、真实的画面【焦距：200mm 光圈：f/2.8 快门速度：1/160s 感光度：200】

❂ 利用长焦镜头在画面中表现出较大的太阳

在拍摄太阳时，通常会由于太阳的距离较远，使其在画面中所占据的比例非常小。在标准的35mm画面上，太阳只是焦距的1/100。如果使用50mm标准镜头，太阳大小为0.5mm；而如果使用200mm的镜头时，太阳大小则为2mm。以此类推，当使用400mm长焦镜头时，太阳的大小就能达到4mm。

使用长焦镜头将太阳在画面中放大，在突出主体的同时，还可增强画面的视觉冲击力。因此，如果希望画面中的太阳较大一些，应该使用焦距较长的镜头拍摄。

⬆ 使用长焦镜头拍摄太阳，太阳看起来非常巨大，远处的山和近处的树呈现剪影效果，增加了画面的层次感和对比度【焦距：300mm　光圈：f/10　快门速度：1/1250s　感光度：100】

❂ 利用长焦镜头拍摄舞台、体育赛事、人文纪实场景

无论是拍摄舞台，还是体育赛场中的运动员，大多数情况下都无法靠近拍摄对象，只能在远处拍摄，因此如果镜头的焦距不够长，拍摄出来的主要对象就会很小，不利于表现主体。

利用长焦镜头可以有效拉近拍摄对象，如果拍摄的舞台或赛场较大，活动的人物较多，利用长焦镜头还能够更方便地对内容进行取舍、构图，使演员或运动员成为画面中精彩的部分。同理，在拍摄人文纪实类题材时，为了保证拍摄时拍摄对象仍处于原生状态，应该用长焦镜头于远处进行拍摄，以避免打扰拍摄对象。

⬅⬆ 对于舞台、赛场等无法近距离靠近的场景，可以利用长焦镜头拍摄，在不打扰主体的同时获得清晰的画面

9.5 微距镜头的拍摄效果及运用技巧

微距镜头的焦距范围

　　微距镜头主要用于近距离拍摄物体，它具有1∶1的放大倍率，即成像与物体实际大小相同。它的焦距通常为65mm、100mm和180mm等。微距镜头被广泛地应用于静物摄影、花卉摄影和昆虫摄影等拍摄对象体积较小的领域，另外也经常被用于翻拍旧照片。

与Canon EOS 5D Mark Ⅳ搭配使用的微距镜头

　　在微距摄影中，100mm左右焦距的f/2.8专业微距镜头，被人称为"百微"，也是各镜头厂商的必争之地。

　　如果要为Canon EOS 5D Mark Ⅳ搭配一款微距镜头，可以优先考虑EF 100mm f/2.8 L IS USM。这款镜头具有的双重IS影像稳定器，能够在通常的拍摄距离下实现约相当于4级快门速度的手抖动补偿效果；当放大倍率为0.5倍时，能够获得大约相当于3级快门速度的手动补偿效果，当放大倍率为1倍时，能够获得约相当于2级快门速度的手抖动补偿效果，为手持微距拍摄提供了更大的保障。

　　这款镜头包含了1片对色像差有良好补偿效果的UD（超低色散）镜片，优化的镜片位置和镀膜可以有效抑制鬼影和眩光的产生。为了保证能够得到漂亮的虚化效果，镜头采用了圆形光圈，为塑造唯美的画面效果创造了良好的条件。

镜片结构	12组15片
光圈叶片数	9
最大光圈	f/2.8
最小光圈	f/32
最近对焦距离（cm）	30
最大放大倍率	1
滤镜尺寸（mm）	67
规格（mm）	77.7×123
重量（g）	625

　　◐ 利用微距镜头拍摄昆虫，可以看到平时不易看到的细节【焦距：100mm 光圈：f/11 快门速度：1/200s 感光度：100】

9.6 选购镜头时的基本原则

如前所述，不同焦段的镜头有着不同的功用，如85mm焦距镜头被奉为人像摄影的不二之选，而50mm焦距镜头在人文、纪实等领域拥有着无可替代的作用。因此，根据拍摄对象的不同，可以选择广角、中焦、长焦以及微距等多种焦段的镜头，但如果要购买多支镜头以满足不同的拍摄需求，一定要注意焦段的合理搭配。

比如佳能镜皇中"大三元"系列的3支镜头，即EF 16-35mm f/2.8 L II USM、EF 24-70mm f/2.8 L USM以及EF 70-200mm f/2.8 L II USM镜头，覆盖了从广角到长焦最常用的焦段，并且各镜头之间焦距的衔接极为紧密，即使是专业级别的摄影师，也能够满足绝大部分拍摄需求。

读者在选购镜头时，也应该特别注意各镜头之间的焦段搭配，尽量避免重合，即使出现一定的"中空"，也不应该造成不必要的浪费。

提示

如果购买相机只是为了在旅行中更好地记录当地的人文风情，而不是专业的摄影，可以选择变焦比较大的镜头（如EF 24-105mm f/4 L USM）或变焦比更大的副厂镜头（如腾龙出品的16-300mm f/3.5-6.3 Di II VC PZD MACRO），这样免去了在旅行拍摄中更换镜头的麻烦，也减轻了负重。但需要指出的是，变焦比越大的镜头，成像画质越差，正所谓"鱼与熊掌不可兼得"。

⬆ EF 16-35mm f/2.8 L II USM

⬆ EF 24-70mm f/2.8 L USM

⬆ EF 70-200mm f/2.8 L II USM

◀ 使用大变焦比镜头，既可拍摄大场景风光，也可拍摄小场景人文景观【焦距：70mm 光圈：f/4 快门速度：1/250s 感光度：100】

第3篇 构图、光线与色彩

03

Chapter 10 取景与构图

10.1 主体与陪体的基本概念

🔧 主体

主体指拍摄中所关注的主要对象，是画面构图的主要组成部分，是集中观者视线的视觉中心，也是画面内容的主要体现者，还是使人们领悟画面内容的切入点。它可以是单一对象也可以是一组对象，可以是人也可以是物。总之，主体可以是任何能够承载表现内容的事物。

主体是构图的行为中心，画面构图中的各种元素都围绕着主体展开，因此主体有两个主要作用，一是表达内容，二是构建画面。

➡ 将宠物狗置在白色背景下进行拍摄，画面干净，主体突出，给人一种很萌的感觉【焦距：50mm 光圈：f/6.3 快门速度：1/800s 感光度：100】

🔧 陪体

陪体在画面中并非必须，但恰当地运用陪体可以让画面更为丰富，渲染不同的气氛，对主体起到解释、限定、说明的作用，有利于传达画面的主题。有些陪体并不需要出现在画面中，通过主体发出的某种"信号"，就能让观者感觉到画面以外陪体的存在。

⬆ 拍摄婚纱类照片时，利用捧花不仅可以说明拍摄环境，渲染氛围，还能丰富画面，增加美感【焦距：150mm 光圈：f/6.3 快门速度：1/320s 感光度：200】

10.2 突出表现主体的4种方法

◉ 通过动静对比突出主体

动静对比是一种把图像中运动与相对静止的物体之间的动态关系进行对比的拍摄方法。动静对比可以使画面更具节奏与韵律、对称与均衡感；动与静的对比适于拍摄包含多个主体的题材，例如，拍摄成群的鸟类时，运用动静对比可以创作出富有新意的画面。

动与静这一对矛盾体在画面中交相映衬、互相协调，使得平稳的画面中不至过于统一而缺乏变化，使画面主体更加突出。

⬆ 立于水中的火烈鸟与飞起的鸟形成动静对比，增强了画面的动感，营造出一种欢快的氛围【焦距：300mm 光圈：f/6.3 快门速度：1/1250s 感光度：100】

◉ 通过虚实对比突出主体

人们在观看照片时，很容易将视线停留在较清晰的对象上，而对于较模糊的对象则会自动"过滤掉"。虚实对比的表现手法正是基于这一原理，即让主体尽可能清晰，其他对象尽可能模糊。

⬆ 清晰的花朵与虚化的背景形成对比，突出了花朵的主体地位，同时也为画面营造了一种朦胧的意境美【焦距：100mm 光圈：f/2.8 快门速度：1/500s 感光度：200】

❂ 通过明暗对比突出主体

合理运用画面的明暗对比，能够很好地突出主体。由于视觉习惯决定了绝大多数人通常先注意画面中更明亮的对象，因此在一幅明暗对比鲜明的画面中，亮处的对象能够在第一时间获得观者的关注。

在拍摄时可以通过增加或减少1挡~2挡曝光补偿，使画面有强烈的明暗对比，或者通过将亮色调的对象安排在较暗的拍摄环境中，以有效突出画面主体。

⬆ 摄影师利用低速快门将山间溪流雾化成白色丝状，与两侧的岩石形成明暗对比，增加了画面的均衡性【焦距：50mm 光圈：f/8 快门速度：1/2s 感光度：100】

❂ 通过大小对比突出主体

大小对比通常指的是利用景物自身的大小特征，或借助镜头的透视效果和不同的拍摄位置，来强调主体与陪体间大小的对比关系。

在实际拍摄时既可以大衬小，也可以小衬大，例如，庞大建筑物边的人群常用于衬托建筑物的宏伟，而拍摄平静水面上的小舟时，水面则被用来衬托小舟的渺小。

⬆ 仰视拍摄直立的山体，山岩顶端的人呈现小小的一个点，二者形成强烈的大小对比，突出了山的高大气势【焦距：200mm 光圈：f/7.1 快门速度：1/250s 感光度：400】

10.3 构图中的环境

在一幅摄影作品中除了主体和陪体以外，还有些元素作为环境的组成部分用于烘托主题，并丰富画面的层次。

通常习惯上将处在主体前面的环境组成部分称为前景；位于主体后面的被称为背景，其主要作用是衬托、表现主体。

10.4 前景在画面中的5大作用

◉ 利用前景辅助说明画面

前景可以帮助主体在画面中形成完整的视觉印象。有时候仅仅依靠主体很难展现事物的全貌，甚至无法使观者清楚地了解摄影意图。因此，在拍摄时适当以前景作为辅助元素，不但可以交代环境、说明画面，还可以美化整体效果，使画面内容更丰富。

◉ 利用前景美化画面

利用前景美化画面的手法常见于风光、人像、微距等题材的拍摄中。前景可以是花、草地、树木等景物，表现形式可以是虚化的，以更好地突出主体；也可以是清晰的，如拍摄大海时作为前景的礁石、桥梁，以增强画面的延伸性，牵引观者的视线。

⬆ 拍摄人像时，可利用大光圈将前景的花卉虚化，不仅增强了画面的唯美感，还使主体更突出【焦距：85mm 光圈：f/4.5 快门速度：1/500s 感光度：200】

◎ 利用前景辅助构图

前景可以用于辅助构图，最常见的方式是拍摄城市风光时，在画面的前景处安排人、物、花、树等对象，而在画面的背景处则是高楼大厦，这样可以形成大小对比的效果，突出建筑的雄伟。

◎ 利用前景增加画面的空间透视感

在拍摄时，通过调整拍摄角度使画面前景的景物线条呈现一定的透视感，可增加画面的空间纵深感。例如，可以利用桥、建筑线条、礁石等景物线条来提升画面的纵深感。

◎ 利用前景丰富画面的层次

前景可以用于丰富画面的影调和色彩，使画面更富有层次。例如，用深色的前景衬托较明亮的背景或主体，以加强画面的纵深感。如果所拍摄的照片是高调效果，还可以用深色前景丰富照片的影调层次。

↑ 拍摄自然风光时，摄影师将路作为前景，利用其纵向延伸的线条，增加了画面的空间感，使画面更灵活【焦距：24mm 光圈：f/7.1 快门速度：1/160s 感光度：100】

拍摄雪山时，在前景处加入深色的树木，让画面形成色彩对比，层次感更强烈【焦距：90mm 光圈：f/9 快门速度：1/400s 感光度：100】

10.5 构图中常用的3种视角

❂ 平视拍摄表现自然的画面

平视拍摄是指相机所处的位置与拍摄对象在同一水平线上。在日常拍摄中，这种拍摄角度运用的次数最多。另外，平视角度也最不容易产生特殊画面效果。使用平视角度拍摄的画面比较规矩、平稳。

❂ 仰视夸张表现主体

拍摄对象处于视平线或相机位置以上的拍摄角度被称为"仰视拍摄"。选择仰视拍摄较容易突出拍摄对象的挺拔与高大，并且还可以有效避开地面上繁杂的环境，将拍摄对象从纷乱的背景中剥离出来，从而使画面更加简洁，主体更加突出。

在拍摄人像、建筑、树木、花卉等题材时经常会用到仰视角度。以仰视角度拍摄往往使作品具有较强的抒情色彩，画面中的物体呈现某种优越感，暗含高大、赞颂、敬仰、胜利等意义，能使观者产生相应的联想，具有强烈的主观感情色彩。

❂ 俯视突出画面的空间感

当拍摄景物处于视平线或相机位置以下时被称为"俯视拍摄"。俯视角度拍摄适合于表现规模宏大、透视效果强烈的场景。

俯视角度拍摄有时能够表达强烈的主观、反面、贬义或蔑视的感情色彩。

俯视角度还具有简化背景的作用，当拍摄的背景为水面、草地等单一的景物时，能够取得纯净的背景，从而避开了地平线上杂乱的景物。

另外，俯视角度拍摄可以使前景景物压缩，处于画面偏下的位置，以突出后景中的事物。

采用俯视角度拍摄时，地平线往往在画面上方，增加了画面的纵深感，使画面的透视感更强。

⬆ 使用广角镜头俯视拍摄城市夜景，高耸林立的建筑让画面的空间感得到增强，给人一种开阔的视觉感【焦距：17mm 光圈：f/22 快门速度：1/2s 感光度：100】

⬅ 以一个较低的视角仰视拍摄树木，树冠在空中相交，笔直的树干形成透视效果，使画面非常具有冲击力【焦距：20mm 光圈：f/13 快门速度：1/200s 感光度：100】

10.6 10种常用构图法则

❖ 用黄金分割法构图突出主体

　　黄金分割构图法的要点是拍摄时在水平与垂直方向上将画面三等分，把要表现的主体安排在画面横竖1/3的位置或者其分割线交叉产生的4个交点位置。

　　例如，当拍摄对象以线条的形式出现时，可将其置于画面三等分的任意一条分割线上；当拍摄对象在画面中以点的形式出现时，则可将其置于三等分的分割线的4个交叉点上。运用黄金分割法构图不仅能避免画面的呆板、无趣，而且会使其更具美感、更加生动。

　　Canon EOS 5D Mark IV相机的取景器及实时显示拍摄模式都提供了网格线功能来帮助摄影构图，在取景器中可以显示6×4的网格线，在实时显示模式下可以显示三种类型的网格线，一种是符合传统三分法则的传统网格线，一种是6×4的网格线，还有一种是3×3+对角线的网格线。在使用Canon EOS 5D Mark IV时，可以选择"显示网格线"选项，该选项用于设置是否显示取景器网格，选择"显示"选项，在拍摄时取景器中将显示6×4的网格线，以辅助构图。

❶ 在**设置菜单2**中选择**取景器显示**选项

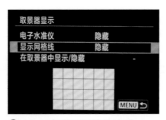

❷ 点击选择**显示网格线**选项

❸ 点击可以选择**隐藏**或**显示**选项

◀ 拍摄人像时可将模特置于画面的黄金分割点处，这是画面中最舒服的视觉焦点，更能突显模特清丽的特质【焦距：100mm　光圈：f/4　快门速度：1/500s　感光度：100】

⚙ 用水平线构图拍摄出具有安定感的画面

水平线构图，即通过构图手法使画面中的主体景物在照片画面中呈现为一条或多条水平线的构图手法。因此水平线构图是典型的安定式构图，常用于表现表面平展、广阔的景物，如海面、湖面、草原、田野等题材。

采用这种构图的画面能够给人以娴雅、幽静、安闲、平静的感觉。

当水平线与画面的水平边框重合在一起时，能使画面具有明显的横向延伸形式感，如果在画面中有多条水平线，则能够起到强调这种感觉的作用。

根据水平线位置的不同，可分为低水平线构图、中水平线构图和高水平线构图。

高水平线构图

这是指画面中主要水平线的位置在画面靠上1/4或1/5的位置，重点表现水平线以下的部分，例如大面积的水面、地面等。

❷ 利用高水平线拍摄湖面，用大面积的空间来表现碧蓝的水面，给人一种宽阔、宁静的感觉【焦距：30mm 光圈：f/9 快门速度：1/500s 感光度：100】

中水平线构图

这是指画面中的水平线居中，以上下对等的形式平分画面。采用这种构图形式的目的，通常是为了拍摄上下对称的画面。

❷ 利用中水平线构图表现山体与水中倒影的对称画面，给观者以均衡、平稳的视觉感受【焦距：200mm 光圈：f/5.6 快门速度：1/320s 感光度：200】

低水平线构图

这是指画面中主要水平线的位置在画面靠下1/4或1/5的位置。采用这种水平线构图的目的是为了重点表现水平线以上的部分，例如大面积的天空。

❷ 利用低水平线进行构图，有利于表现天空大面积的流云，而水面的陪体，让画面看上去更均衡【焦距：24mm 光圈：f/18 快门速度：1/30s 感光度：200】

◉ 用垂直线构图表现树木或建筑

　　垂直线构图，即通过构图手法使画面中的主体景物在照片画面中呈现为一条或多条垂直线，以表现高耸、向上、坚定、挺拔感觉的一种构图手法。采用这种构图的照片画面整体呈竖向结构，常用于表现参天的大树、垂挂的瀑布、仰拍的楼体、人物等竖向垂直、细高的拍摄主体。

　　如果要表现向上生长的树木及其他竖向式的景物，可以使用上下穿插直通到底的垂直线构图，让观者的视觉超出画面的范围，感觉到画面中的主体可以无限延伸。因此照片顶上不应留有白边，这样才能给人以形象高大、上下无限延伸的感觉，否则观者在视觉上就会产生"到此为止"的感觉。

➡ 采用垂直线构图拍摄树林，利用线条向上的延伸效果，将树木笔直、挺拔的气质表现得很好【焦距：35mm 光圈：f/13 快门速度：1/160s 感光度：200】

◉ 用S形曲线构图表现婀娜婉转的主体

　　S形曲线构图，即通过调整镜头的焦距、角度，使所拍摄的景物在画面中呈现S形曲线的构图手法。由于画面中存在S形曲线，因此其弯转、曲伸所形成的线条变化，能够使观者感到趣味无穷，这也正是S形构图照片的美感所在。

　　如果拍摄的题材是女性人像，可以利用合适的摆姿使画面呈现漂亮的S形曲线。

　　在拍摄河流、道路时，也常用这种S形曲线构图手法，来表现河流与道路蜿蜒向前的感觉。

⬆ 山间的柏油路呈现S形曲线效果，增强了画面的形式美，营造出一种蜿蜒向前的氛围【焦距：50mm 光圈：f/16 快门速度：1/320s 感光度：200】

用斜线构图增强画面的延伸感

斜线构图，即画面中的主体形象呈现为倾斜的线条。

斜线构图能够表现出运动感，使画面在斜线方向有视觉动势和运动趋向，从而使画面充满了强烈的运动速度感。拍摄激烈的赛车或其他速度型比赛，常用此类构图。

例如，使用这种构图拍摄茅草，能够体现轻风拂过的感觉，为画面增加清爽的气息。

↑ 利用斜线构图来表现桥梁，形成视觉引导，将观者的视线引向对岸，增强了画面的空间感和纵深感【焦距：24mm 光圈：f/18 快门速度：1/200s 感光度：100】

用三角形构图增强画面的稳定感

三角形构图，即通过构图使画面呈现一个或多个正立、倾斜或颠倒的三角形的构图手法。

三角形通常被认为是山的抽象图形轮廓，能够给人一种稳定、雄伟、持久的感觉。当三角形正立时，由于这种图形不会产生倾倒之感，所以经常用于表现人物的稳定感、自然界的雄伟；如果三角形在画面中呈现倾斜与颠倒的状态，则会给人一种不稳定的感觉。

↑ 以广角镜头拍摄远处的山体，山体呈三角形构图，给人一种沉稳、厚重的感觉，前景处忽然闯入的小船打破宁静，为画面增添了几分生气【焦距：22mm 光圈：f/13 快门速度：1/200s 感光度：100】

用透视牵引构图有效引导观者视线

透视牵引构图，即通过构图使画面中主体或陪体的轮廓线条呈现近大远小的透视效果，从而突出画面纵深感的构图手法。

在平面的图像中表现三维空间并不是一件容易的事。要使照片具有空间感、立体感，需依赖透视规则。当画面中的景物有明显的近大远小或近实远虚效果时，观者就会感受到照片的空间感。

这种构图手法常用于拍摄桥梁或笔直的道路，使画面具有很强的纵深感，同时增强画面尽头的神秘感、未知感。

↑ 通过利用木桥近大远小的透视原理，将观者的视线引向远处的海面，增加了画面的空间感和纵深感，让其看起来更加壮阔辽远【焦距：17mm 光圈：f/13 快门速度：1/400s 感光度：100】

用散点式构图使画面有较强的韵律感

散点式构图就是以分散的点的形状构成画面，其主要特点是"形散而神不散"。就像珍珠散落在银盘里，整个画面景物有聚也有散，既存在不同的形态，又统一于照片的背景中。

散点式构图最常用于以俯视的角度拍摄地面的牛、羊群或马群，或草地上星罗棋布的花朵。

↑ 画面中展翅飞翔的雁群在空中排成人字形，增强了画面的形式美，蔚蓝的天空作为背景让画面更显纯粹自然【焦距：300mm 光圈：f/4 快门速度：1/800s 感光度：400】

用对称式构图使画面具有较强的均衡感

对称式构图是指画面中两部分景物以某一根线为轴，在大小、形状、距离和排列等方面相互平衡、对等的一种构图形式。

通常采用这种构图形式来表现拍摄对象上下（左右）对称的画面，这些对象本身就有上下（左右）对称的结构，如鸟巢、国家大剧院就属于自身结构是对称形式的。因此摄影中的对称构图实际上是对生活中美的再现。

还有一种对称式构图是由主体与水面或反光物体形成的对称，这样的画面给人一种协调、平静和秩序感。

↑ 画面中的建筑和水中的倒影形成对称式构图，增强了画面的均衡感，给人一种对称的形式美【焦距：24mm 光圈：f/8 快门速度：1/5s 感光度：200】

用框架式构图表现别有洞天的感觉

框架式构图，即利用前景使画面出现在一个或规则或不规则的"框"里，"框"中间的部分安排画面主体的构图手法。通常可以采用门、窗、山洞、树枝等作为前景，使画面周围形成一个或规则或不规则的边框。

使用框架式构图的优点不仅在于能够引导观者的视线，使之聚焦在照片的重点景物上，而且还能遮挡那些不美观的景物，给人身临其境的现场感受。此外，如果作为画框的景物选取得当，还能够为画面添加富有特色的装饰感与图案感。

➡ 把前景处的门洞当作框架，将对面的建筑和蓝天收进画里，形成框架式构图，给人一种新鲜感【焦距：17mm 光圈：f/16 快门速度：1/160s 感光度：100】

10.7 利用构图元素——点和线美化画面

当通过摄影将三维世界表现成为二维平面时，所有景物均被转换成为最基本的几何元素，即点和线。因此，在一幅画面中，这些构图元素组合的越恰当，画面的美感就越强。

摄影构图中的点

摄影构图中点的类型

点是一个渺小、抽象的存在，在二维空间中，它只有位置，没有大小。在摄影中，点的划分主要是依据画面中的对比关系，小如人眼中的星星、蚂蚁，大如高楼、人物等，都可以成为画面中的点。

摄影构图中点的作用

点可以说是摄影构图画面中必不可少的元素，它可以对画面起到平衡作用，使画面变得稳定；也可以成为画面的焦点和视觉的中心。

摄影构图中点的经营

当遇到画面中充满点的时候，视觉会被分散，所以这些点的内容、形态或主题应该有一定的联系，避免人们产生主动去"阅读"每个点的欲望，这样只会让画面失去视觉中心变得杂乱。

↓ 伫立在篱笆上的鸟群形成散点式构图，并成为视觉中心点，使画面的均衡感得到增强【焦距：100mm 光圈：f/9 快门速度：1/400s 感光度：250】

用线条使画面具有情绪与美感

有形的线条与无形的线条

在画面当中，线条可分为两类，一类是有形线条，另一类是无形线条。

有形线条一般指物体轮廓线或影调与影调间各自的界线，是人们把握一切物体形状的标准。有形线条直观、可视。

无形线条看不见摸不着，通常指彼此具有一定关系的物体构成的假定线条，如有规律排列的景物形成的虚线、人物的视线、动体的趋向线、动作线、事物之间的关系线等。无形的线条使画面更内敛、含蓄，更有寓意，因此，在注意运用有形线条进行画面造型的同时，更要加强对无形线条的观察、提炼和运用。

⬆ 摄影师透过车窗拍摄到斜拉桥的钢索线条，放射状的线条使画面非常具有张力【焦距：20mm 光圈：f/13 快门速度：1/160s 感光度：100】

不同线条给人的感受

不同形状的线条往往能引起观者不同的情绪和感觉。当观者看到形状不同的线条时，往往会依据日常生活中视觉感知的经验，调动艺术想象力，为线条赋予情感与想象。

- 直线往往给人以刚直、有力感。
- 曲线往往给人优美、圆通、优雅、律动的感觉。
- 垂直线条往往给人以崇高、庄严、向上、高大、稳定、刚毅的感觉。
- 水平线往往给人安静、平稳、宽广、萧条的感觉。
- 波浪状线条会给人轻快流动、节奏平缓的感觉。
- S形线条给人以优美抒情、流畅、轻快、曲折、富有节奏之感。
- 放射线条给人热情奔放、活跃、向外辐射发散的感觉，有突出中心，向外扩展的视觉功能。
- 倾斜线条往往给人以运动、动荡、不安、倾倒、矛盾的感觉。

⬆ 夕阳下，大片的郁金香从镜头处延伸向远方，直到消失在太阳落下的地方，增加了画面的空间感和纵深感，营造出一种意境美【焦距：24mm 光圈：f/13 快门速度：1/120s 感光度：100】

- X形线条给人深远、空旷、纵深、遥远的感觉。
- 圆形线条往往给人以运动、滚动、圆满、优美、完满、舒适、柔和的感觉。

不同线条给人的不同感受是摄影师在构图时运用线条的依据，只有理解线条的属性，才能够通过运用线条，使画面更有美感与情绪。

3种提炼线条的方法

除了通过观察在拍摄场景中寻找线条外，还可以通过一定的技术手段，在画面中提炼、强化线条。下面是较常用的方法。

合理运用不同焦距的镜头

运用不同焦距镜头的不同造型功能可以起到提炼线条的作用。其中，广角镜头会夸张线性透视，强化纵向线条的特征；长焦镜头会压缩纵向空间，强调横向排列的线条；变焦镜头则可以拍摄爆炸式画面，产生由画面中心向外扩散的虚线条。

⬆ 将镜头从广角端旋转至长焦端，可以提炼出放射状的光线，让画面充满魔幻色彩

灵活控制快门速度

利用快门速度的变化也可以提炼出线条：高速快门可以凝固动体的动作，体现不同的线条姿态；低速快门则可以使动体产生拉长的虚线条。另外，采用B门或者T门拍摄还可以将较暗环境中的发光动体拉成较亮的线条，使点变成线。

⬆ 瀑布与岩石的明暗差距较大，因此在拍摄时减少了曝光补偿，使得岸边岩石更暗，白纱般的流水线条更加突出【焦距：35mm 光圈：f/9 快门速度：1/2s 感光度：400】

改变画面曝光量

利用曝光控制使画面中不同部分产生较大的明暗反差，也可以提炼线条。比如拍摄夕阳下的小河，波光粼粼的河面会亮于河岸上的景物，按照河面的波光部分确定曝光值，河岸景物会明显曝光不足，显得非常深暗，从而能突显小河的线条。

➡ 摄影师利用低速快门对着车流进行长时间的曝光，得到线条流畅的车流轨迹，为城市的夜景增加了几分美感【焦距：30mm 光圈：f/14 快门速度：20s 感光度：100】

⚙ 利用线条形成视觉流程

什么是视觉流程

在摄影作品中，摄影师可以通过构图技术，引导观者的视线在欣赏作品时跟随画面中的景象由近及远、由大到小、有主及次地欣赏，这种顺序是基于摄影师对照片中景物的理解，并以此为基础将画面中的景物安排为主次、远近、大小、虚实等变化，从而引导欣赏者第一眼看哪儿，第二眼看哪儿，哪里多看一会，哪里少看一会，这实际上也就是摄影师对摄影作品视觉流程的规划。

一个完整的视觉流程规划应从选取最佳视域、捕捉欣赏者的视线开始，然后是视觉流向的诱导、流程顺序的规划，最后到欣赏者视线停留的位置为止。

⬆ 摄影师利用海岸线将观者的视线引向海中的礁石，继而是夕阳的余晖，画面景物的先后安排给人一种秩序感【焦距：17mm 光圈：f/14 快门速度：5s 感光度：200】

利用线条规划视觉流程

线条是规划视觉流程时运用最多的技术手段。

例如，当照片中出现了人或动物时，观者的视线会不由自主地顺着人或动物的眼睛或脸的朝向观看，实际上这就是利用视线来引导欣赏者的视觉流程。

又如，任何景物都有线条存在，这些线条既可以给画面带来形式美感，也可以引导观者的视线。这种在画面中利用实体线条来引导观者视线的方式是最常用的一种视觉引导技法。

⬆ 画面中呈剪影效果的小路，将观者的视线引向太阳落下的地方【焦距：18mm 光圈：f/16 快门速度：1/60s 感光度：100】

Chapter 11 深入理解构图

11.1 利用加减法进行构图

以减法原则进行构图

为了更好地突出要表现的主体，拍摄时需要对画面场景进行提炼、滤除，以虚化无关的杂乱细节，让简洁的画面更有艺术气息。拍摄时可通过镜头效果、取景控制、光影及色彩特性等方式对画面元素进行取舍，以简化影响画面主体表现力的景物。

阻挡减法

阻挡减法构图的重要因素不在于摄影器材，而是摄影师对拍摄画面的观察力。在取景前通常应先进行观察与分析，随时调整拍摄角度，寻找主体或前景能阻挡背景中过多细节或杂乱的视角，得到简洁的画面，从而达到突出主体的效果。

⬆ 摄影师通过利用框架式构图，用剪影遮盖了画面中多余的因素，重点突出了建筑的圆形屋顶，为画面营造了一种形式美,给人以新鲜感【焦距：35mm 光圈：f/14 快门速度：1/160s 感光度：320】

景深减法

景深减法是一种常用的构图方式，通过调整镜头焦距、光圈大小、拍摄距离等因素控制画面的景深，以达到主体清晰、背景模糊的画面效果。景深减法构图的关键是虚化背景，虚化效果越明显，减法的效果就越突出。

⬆ 利用大光圈将背景虚化，得到清晰的花卉主体【焦距：100mm 光圈：f/3.2 快门速度：1/200s 感光度：500】

◉ 以加法原则进行构图

构图中的加法是指在拍摄场景中加入一些元素，使主题更鲜明，画面更有意境、内涵。需注意的是，所有的加法都应是合乎逻辑的，而不是突兀的，以免喧宾夺主。

为了使平淡的画面更有味道，有时需要耐心等待。例如，拍摄夕阳时，等待一群鸟飞过，画面会更有意境；拍摄古巷时，等待一群人出现，画面会更有韵味；拍摄花草时，等待蜜蜂或蝴蝶进入，画面会更加生动……这样的等待也许会需要不少时间，但丰富的元素会使画面更加传神。

⬆ 表现粉红色的花卉时，如果画面只有花卉未免显得单调，纳入蝴蝶不仅丰富了画面元素，还为画面增添了几分生气【焦距：100mm 光圈：f/2.8 快门速度：1/1000s 感光度：400】

➡ 拍摄日落时，恰巧一对鸭子从镜头前经过，摄影师顺利抓拍到这一难得的陪体，使画面内容更加丰富，给人一种均衡感【焦距：130mm 光圈：f/8 快门速度：1/1000s 感光度：200】

11.2 通过构图使画面富有节奏感

节奏感构图与图案构图有点类似，都是在画面中重复出现相近的形状、线条、物体甚至色彩，当重复呈现出一种动态或动作时就会构成一种视觉的能量，进而形成规律。而图案构图则没有明显的规律，比较随意。

通常情况下，节奏感构图重复出现的元素会很有规律，有明显的渐次变化，且富有节奏感的变化（单纯重复的元素只构成图案）。节奏感强的照片会给人深刻的感觉，可以使画面信息有更强的感染力。

一些原本平淡无奇的画面元素，如果是以强烈的节奏感出现，即以规律性重复出现在画面中，便会形成视觉上的趣味，给人留下深刻的印象。

⬆ 利用广角镜头拍摄海边的更衣室，红白相间的线条呈现有规律的渐次变化，并形成透视效果，增强了画面的节奏感，给人一种强烈的视觉冲击感【焦距：18mm 光圈：f/6.3 快门速度：1/500s 感光度：100】

11.3 突破构图法则的束缚

优秀的构图并没有真正意义上的标准，没有必要生搬硬套某种构图。当然，所谓的三分、曲线构图着实不错，可以让你更快捷地选择构图。不过，遵循这些原则不代表一定能拍出好的照片，抛弃这些原则也不代表一定就拍不了好照片。事实上，这种构图千篇一律，并没有新意可言。

这就需要我们在熟练掌握普通构图后，继续发掘新的构图。所谓无招胜有招，无规则的构图更新颖，与众不同的拍摄手法更深入人心，更能感染观者，让人过目不忘。

需要注意的是，想要打破经典构图的常规，不仅需要十足的勇气，熟练掌握基本构图知识，还需要良好的创新精神，以及对场景的充分理解。

⬆ 摄影师采用突破以往的构图形式，对画面进行大胆裁剪，将重点放在模特的下半身，并通过人物腿部的动作语言使画面有不言而喻的效果，给观者留下深刻的印象【焦距：140mm 光圈：f/5.6 快门速度：1/80s 感光度：200】

Chapter 12 光线、色彩与白平衡的运用

12.1 光线的性质

◎ 直射光

直射光充满力量感，能赋予画面强烈的视觉效果。直射光的形成原因可以分为两种：一种是有明显投射方向的晴天下的阳光，另一种是指人工控制灯光设备得到的无遮挡直射光线。

直射光有明确的方向性，并会在画面中形成强烈的明暗对比，因此特别适合展现对比度较大的风景画面，人像摄影中的男性和老人，或是静物摄影中质感粗糙的非反光体等。

在侧光或逆光的角度下，能够强化这种光线的力度与方向感。

⬆ 使用直射光拍摄山体，山体在蓝天的映衬下，其体积感和立体感表现得十分突出【焦距：150mm 光圈：f/5.6 快门速度：1/80s 感光度：100】

◎ 散射光

散射光一般可以分为两种类型：一种是自然光形成的散射光，如在阴天、雾天的光线均属于漫散射光线；另外一种是人工控制的散射光，如经过大型的柔光箱过滤后的光线，通过反光伞等其他柔光材料柔化后的光线。

散射光的典型特征是光线没有明确的方向性，所照明的物体也就没有鲜明的投影，明暗反差较弱。因此，用这种光线拍摄的画面，给人宁静、淡雅、细腻、柔和的感觉。比较适合拍摄风光摄影题材中的高调画面，或人像摄影题材中的少女、儿童。

⬆ 利用散射光拍摄松鼠，在均匀的光线照射之下，松鼠身上的毛发清晰分明，画面有强烈的现场感【焦距：300mm 光圈：f/4 快门速度：1/800s 感光度：100】

12.2 6种常见光线方向

光和影凝聚了摄影的魅力，随着光线投射方向的改变，在物体上产生的光影效果也随之发生了巨大的变化。

在拍摄照片时，根据光与拍摄对象之间的位置，光可以划分为：顺光、前侧光、侧光、侧逆光、逆光、顶光。这6种光线有着不同的照明效果，只有在理解和熟悉不同光线的照射特点的基础之上，才能巧妙、精确地运用这些光线位置，使自己的照片具有更精妙的光影变化。

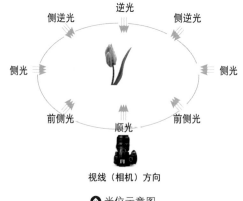

↑ 光位示意图

◎ 顺光使景物受光均匀

顺光是指从拍摄主体正面照射过来的光线。顺光照射下的拍摄主体受光均匀，没有明显的阴影或者投影，拍摄主体的色彩饱和度好，画面通透、颜色亮丽，在画面中能够表现出鲜艳的颜色。

大多数情况下，使用相机的自动挡就能够在顺光下拍摄出不错的照片，因此多数摄影初学者喜欢在顺光下拍摄。

需要指出的是，顺光照射下由于拍摄主体受光均匀导致拍摄主体缺乏立体感及空间感。为了弥补顺光立体感、空间感不足的缺点，拍摄时要尽可能地通过构图，使画面中明暗搭配，例如以深暗的拍摄主体配明亮的背景、前景，或反之。也可以运用不同景深对画面进行虚实处理，使拍摄主体在画面中很突出。

➡ 摄影师使用顺光拍摄花卉，得到主体清晰、纹理丰富的画面，给人一种通透的感觉【焦距：200mm 光圈：f/2.8 快门速度：1/40s 感光度：100】

⊙ 侧光使景物明暗对比鲜明

当光线投射方向与相机拍摄方向呈90°角时，这种光线即为侧光。由于侧光有强烈的明暗反差效果，在画面中可以体现出对比明显的受光面、背光面和投影关系，非常有利于表现粗糙的质感，是拍摄岩石、皮革、棉麻等材质的理想光线。

另外，侧光照射下的物体阴影浓郁，明暗对比强烈，可以使画面有一种很强的立体感与造型感。所以说，侧光是比较丰富、生动的造型光。

⬆ 利用侧光拍摄山体，画面明暗对比强烈，增强了山的立体感【焦距：100mm 光圈：f/9 快门速度：1/100s 感光度：100】

前侧光使景物明暗分配协调

前侧光就是指从拍摄对象的前侧方照射过来的光，亮光部分约占拍摄对象2/3的面积，阴影暗部约为1/3。利用这种光线拍摄出来的画面比使用顺光时的阴影更明显，比使用正侧光的亮光部分更大，即画面的光线效果介于这两者之间。

前侧光拍摄的照片使景物大部分处在明亮的光线下，少部分构成阴影，既丰富了画面层次，突出景物的主体形象，又使画面显得协调，给人以明快的感觉，拍摄出来的照片反差适中、不呆板、层次丰富。

利用前侧光拍摄人像、建筑、花木、山水、沙漠、田园等题材时，可以得到有层次感、立体感和空间透视感的画面。

➡ 利用前侧光拍摄人像，画面明暗协调，让模特的整体形象更加丰盈【焦距：45mm 光圈：f/7.1 快门速度：1/200s 感光度：200】

侧逆光使景物有较强的立体感

光线从拍摄对象的后侧面射来，既有侧光效果，又有逆光特点的光线，就是侧逆光。侧逆光的光照情况正好与前侧光相反，拍摄对象的受光面积小于背光面积，阴影暗部大，光亮部小。侧逆光既有侧光效果又有逆光效果，具有极强的表现力。

在使用侧逆光拍摄时，要注意仔细比较、选取光线角度。只要发现侧逆光对物体的轮廓勾勒已经能够描绘出其特征，就不能再让光线过多地照射至其侧面，以避免失去侧逆光的神秘色彩。要做到这一点，必须认真、仔细地选择拍摄角度。

➡ 用侧逆光拍摄人像，模特的头发边缘出现漂亮的轮廓光，为避免面部过暗，可利用反光板对其面部进行补光【焦距：70mm 光圈：f/4 快门速度：1/125s 感光度：400】

❂ 逆光使景物呈现简洁的轮廓

逆光即来自拍摄对象后方的，投射方向与相机镜头的光轴方向相对的光线。

在逆光条件下，景物只有极少部分受光，阴影比较多，往往可以形成暗调效果，因此是表现低调画面的理想光线。

用逆光拍摄建筑、雕像等坚实的物体时，往往会呈现出清楚的轮廓线和强烈的剪影效果。如果拍摄花朵、草丛、毛发等表面柔软的物体，其表面的纤毛会在逆光下呈现出半透明光晕，不仅能够勾勒出物体的轮廓，将物体和背景拉开距离，还能够使拍摄对象看上去有种圣洁的美感。但是，无论拍摄哪种题材，如果

在逆光拍摄时曝光不正确，就无法得到想要的效果，所以在拍摄时最重要的一个原则是，要充分考虑最终画面中景物的明暗划分。

在拍摄时，通常可以采取以下3种方法进行曝光，获得想要的画面效果。

①当景物最有表现力的部分位于暗部时，对暗部进行测光，以保证暗部的层次。

②当主要表现拍摄对象的轮廓形态时，按亮部曝光，形成剪影或半剪影效果。

③当景物最有表现力的部分处于中间影调时，采用亮暗兼顾曝光，取亮暗之间的中间值进行曝光，保留景物的大部分层次。

拍摄漂亮剪影画面的技巧

发现剪影的技巧，在逆光下眯起眼睛观察主体，通过让进入眼睛的光线减少，将拍摄对象模拟成为剪影效果，从而更快、更好地发现剪影。

关于构图技巧：如果拍摄的是多个主体，不要让剪影之间产生太大的重叠，因为重叠后

的剪影可能让人无法分辨其原来的形态，从而失去剪影的表现效果。

关于创意技巧：利用空间错视的原理，使两个或两个以上的剪影在画面中合并成为一个新的形象，可以为画面增加新的艺术魅力。

➔ 逆光下拍摄太阳，并对着天空较亮处进行测光，人和海面呈现浓郁的剪影效果，用手作出心形将太阳置于其中，使画面充满创意效果，给人一种温馨浪漫的感受【焦距：30mm 光圈：f/2.8 快门速度：1/300s 感光度：100】

高逆光与低逆光

按光源的高低位置区分，逆光还可以分为高逆光和低逆光。

高逆光的光源位置比较高，这种光线适合于表现前后层次较多的景物，但在拍摄时要选择较高的位置，以俯视的角度拍摄。在背景比较暗的情况下，高逆光会在每一景物的背面勾勒出一条条精美的轮廓光，使前后景物之间产生较强烈的空间距离和良好的透视效果。

低逆光的光源位置较低，拍摄时最好在主体景物背后安排明亮的雪地或水面，由于逆光下的景物在画面中会形成剪影效果，因此能够与明亮的背景形成强烈的反差，使画面简洁、动人。

⬆ 利用高逆光俯视拍摄山景，层叠的山峰呈现不同的剪影效果，增强了画面的层次感【焦距：24mm 光圈：f/22 快门速度：1/800s 感光度：400】

◉ 顶光使画面反差强烈

顶光就是指光源从景物的顶部垂直照射下来的光线。顶光适用于表现景物的上下层次，如风光画面中的高塔、亭台、茂密树林等可被照射出明显的明暗层次。

在自然界中，亮度适宜的顶光可以为画面带来饱和的色彩、均匀的光影分布及丰富的画面细节。

➡ 利用高逆光拍摄人像，模特的头顶被照亮，头发的边缘出现漂亮的轮廓光【焦距：85mm 光圈：f/4 快门速度：1/125s 感光度：100】

12.3 光线与影调

影调是指拍摄对象表面不同亮度光影的阶调层次，画面由于有了影调便不仅仅是平面的，而是有了立体感、质感。光线是形成影调的决定性因素，强弱程度不同的光线会形成不同的画面影调。依据影调的类型几乎所有照片都可以被分为以下 3 类。

◎ 高调

高调照片的基本影调为白色和浅灰，面积约占画面的 80% 甚至 90% 以上，给人以明朗、纯净、清秀之感。在风光摄影中适合于表现宁静的雾景、雪景、云景、水景，在人像摄影中常用于表现女性与儿童，以充分传达洁净的氛围，表达柔和的特征。

在拍摄高调的画面时，除了要选择浅色调的物体外，还要注意运用散射光、顺光，因此多云、阴天、雾天或雪天是比较好的拍摄天气。

如果在影棚内拍摄，应该用有柔光材料的照明灯，从而以较小的光比减少物体的阴影，形成高调画面。

为了避免高调画面产生苍白无力的感觉，要在画面中适当保留少量有力度的深色、黑色或艳色，例如，少量的阴影，或者是人像摄影中人物眉毛、眼睛以及头发的部位。

↑ 白色的背景和纯白的衣服使画面以白色为主色调，拍摄时又增加 1 挡曝光补偿，让画面呈现高调效果，给人一种清新淡雅的感觉【焦距：85mm 光圈：f/5.6 快门速度：1/100s 感光度：100】

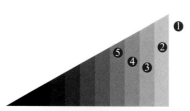

↑ 高调色阶在灰度图谱中的位置及分布

↑ 高调在画面中的分布示意图

◉ 中间调

中间调画面是指明暗反差正常、影调层次丰富、画面中包含由白到黑、由明到暗的各种层次影调的画面。不同于高调和低调，中间调有利于表现色彩、质感、立体感以及空间感，在日常摄影中的运用比例最大、最普遍，效果也最真实、自然。

中间调往往随着拍摄对象形象、光线、动势、色彩的构成不同而呈现出不同的情感。另外，拍摄正常影调的画面一定要曝光准确，以尽量包含较多的影调层次。

↑ 在阳光充足的直射光下，层叠的沙丘呈现光滑的色彩，与没有光线照射的阴影部分形成明暗反差，增强了画面的立体感【焦距：35mm 光圈：f/4.5 快门速度：1/250s 感光度：100】

↑ 反差较小的中间调色阶在灰度图谱中的位置及分布

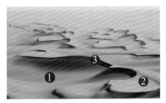

↑ 反差较小的中间调在画面中的分布示意图

↑在阳光的照射下花卉色彩明丽、真实自然，给人一种清新愉悦的感觉【焦距：100mm 光圈：f/16 快门速度：1/320s 感光度：100】

↑ 反差较大的中间调色阶在灰度图谱中的位置及分布

↑ 反差较大的中间调在画面中的分布示意图

◎ 低调

　　低调照片的基本影调为黑色和深灰，其面积约达到画面的70％以上，整体画面给人以凝重、庄严、含蓄、神秘的感觉。风光摄影中的低调照片多拍摄于日出和日落时，人像摄影中的低调照片多用于表现老人和男性，以强调神秘或成熟的氛围。

　　在拍摄低调照片时，除了要求选择深暗色的拍摄对象，避免大面积的白色或浅色对象出现在画面中外，还要求用大光比光线，如逆光和侧逆光。在这样的光线照射下，可以将拍摄对象隐没在黑暗中，同时又勾勒出拍摄对象的优美轮廓，形成低调画面。

　　在拍摄低调照片时，要注重运用局部高光，如夜景中的点点灯光，以及人像摄影中的眼神光等，以其少量的白色或浅色、亮色，使画面在总体深暗色氛围下呈现生机，以免低调画面灰暗无神。

↑ 低调色阶在灰度图谱中的位置及分布

↑ 摄影师利用黑色调拍摄渔船上生火点灯的老翁，跳动的火苗将其面部照的通亮，花白的胡子和满脸的皱纹给人一种沧桑的感觉【焦距：85mm 光圈：f/2 快门速度：1/200s 感光度：200】

↑ 低调在画面中的分布示意图

12.4 光线与质感

光线方向与质感

　　光线的照射方向不仅影响了画面的立体感觉，还对物体的质感有根本性的影响。不同照射角度的光线，如顺光、侧光或是逆光，在表现拍摄对象的质感时会带来根本性的转变。

　　侧光是最容易强化拍摄对象质感的一种光线，使原本比较粗糙的物体显得更为起伏不平，同时使一些看上去可能比较平滑的物体也产生一定的粗糙感。因此，如果要强化物体的粗糙质感，可选择侧光的拍摄角度；反之，则需要以正面或逆光的光线使物体的粗糙感尽可能弱化。

➡ 利用侧光光线拍摄雪景，并适当增加 1 挡曝光，让雪的颗粒感和质感得到增强【焦距：24mm 光圈：f/13 快门速度：1/320s 感光度：100】

光线性质与质感

　　光线的性质对质感的影响重大。强硬的直射光通过方向性明显的光照可以增强粗糙的质感，柔和的漫射光可以创造出比较平滑的质感。试着将同一个物体放置在这样两种不同质感的光照下，就可以比较明显地看到其中的区别。如果想强化一个拍摄对象的质感，最好选择侧面方向的直射光；而要弱化一个拍摄对象的质感，应该采用正面或逆光角度的散射光。灵活地运用两者，可以尽情展现质感的表现力。

⬆ 拍摄车内小景时，摄影师利用闪光灯从侧面补光，重点突出方向盘的真皮质感【焦距：50mm 光圈：f/6.3 快门速度：1/100s 感光度：400】

12.5 光影互动的艺术

摄影是光与影的艺术，是应用光线的学问。光造影，影成像，明亮的光线可以塑造具体的形象，而阴暗的影本身也可能成为独立的影像。在摄影中，如果能够艺术地运用光与影，就能使画面有更强的表现力。

"影"在画面中可能存在以下3种形态。

阴影，由于物体光照不充分，在背光面形成不同的阴暗区域。

剪影，即按拍摄对象外轮廓形成的剪纸形的阴影实体。

投影，即由于受到逆光光源照射，物体的形状被投射在另一个平面上形成的阴暗区域。

用阴影平衡画面

通过构图使画面中出现大小不等、位置不同的阴影，可以使画面的明亮区域与阴暗区域平衡，从而使画面在位置或重量等方面让人感受到均衡。

➡ 摄影师利用对称构图拍摄山体，一侧是受光面，一侧是背光面，二者形成强烈的明暗对比，增强了画面的均衡感和层次感【焦距：32mm 光圈：f/6.3 快门速度：1/400s 感光度：100】

用阴影做减法

画面中杂乱的元素往往会分散观者的注意力，拍摄时可以控制画面中的光影和明暗，以达到去除多余视觉元素的目的。首先要了解拍摄场景和光线会出现怎样的阴影，并考虑好画面构成元素中哪些多余元素可以藏在阴影里，然后用点测光对准画面中明亮的部分测光，从而夸张画面中的阴影效果，起到突出主体，掩盖多余元素的作用。

⬆ 摄影师利用墙上的开口作为框架拍摄故宫小景，前景的阴影遮挡了画面多余的因素，突出主体的同时也让画面更显简洁【焦距：65mm 光圈：f/16 快门速度：1/200s 感光度：100】

用阴影增加形式感

有时候光和影会在画面上交错出现，尤其是当深暗的投影与明亮的主体在画面上有规律地交替出现时，阴影的加入则使画面显得更有形式感。

例如，一排整齐的栏杆投下的阴影，由于画面中明暗之间有规律的交替变化，从而给人以视觉上递进的愉悦。

⬆ 摄影师通过借助侧光拍摄沙丘，沙丘以 S 形曲线隔开，一半阴影一半光亮，让画面更显均衡，使画面有一种形式美感【焦距：105mm 光圈：f/8 快门速度：1/500s 感光度：200】

用投影增加透视感

阴影还有增加画面透视感的作用，当阴影从画面的深处延伸至画面前景时，这种定向阴影由于会出现近大远小的透视规律，因此可以用来加强画面的空间感和透视感。

➡ 黄昏，逆光拍摄即将沉入大海的太阳，夕阳下的人影被拉得修长，使画面的空间感和透视感得到加强【焦距：24mm 光圈：f/11 快门速度：1/1000s 感光度：200】

⊙ 用剪影增加艺术魅力

阴影只是实体所产生的虚影，其本身不存在任何细节，但剪影却是实体形成的抽象画面，因此蕴含着更为充分的表达效果，并由此使观者产生联想，画面显得更有意境与张力。

➡ 蓝色的天空与即将落下地平线的太阳形成强烈的对比，对着天空较亮处进行测光，前景跃起的恋人由于曝光不足呈现浓重的剪影效果，增强了画面的艺术魅力【焦距：105mm 光圈：f/10 快门速度：1/500s 感光度：200】

12.6 善用戏剧化的光线

在黑暗的舞台上，打在演员或歌手身上的光线束往往能迅速吸引观众的视线，这种被灯光师安排好的光线是典型的戏剧性光线。

实际上，无论在野外中还是在现实生活中，也有很多类似的光线，如黑暗房间里从一扇窗户透射进来的光束，从天空云彩的间隙中透射出来的光束等。

遇到这种光线时不要错过拍摄，因为无论是什么拍摄题材，使用此类光线拍摄的照片都能够轻易吸引观者的目光。

⬆ 摄影师以一个较高的视角俯视拍摄山谷，恰巧山后的乌云中斜射下来几束光线，增加了画面的戏剧性【焦距：30mm 光圈：f/3.5 快门速度：1/100s 感光度：100】

12.7 利用白平衡改变照片色调

什么是白平衡

　　白平衡是由相机提供的，它是确保在拍摄时拍摄对象的色彩不受光源色彩影响的一种设置。简单来说，设置白平衡可以在不同的光照环境下，真实还原景物的颜色，纠正色彩的偏差。无论是在室外的阳光下，还是在室内的白炽灯下，人的固有观念仍会将白色的物体视为白色，将红色的物体视为红色。摄影师有这种感觉是因为人的眼睛能够修正光源变化造成的色偏。

　　实际上，光源改变时，这些光的颜色也会发生变化，相机会将这些变化精确地记录在照片中，这样的照片在纠正之前看上去是偏色的，但其实这才是物体在当前环境下的真实色彩。相机配备的白平衡功能可以纠正不同光源下的色偏，就像人眼的功能一样，使偏色的照片得以纠正。

　　Canon EOS 5D Mark Ⅳ提供了预设白平衡、手调色温及自定义白平衡3类白平衡功能，以满足不同的拍摄需求。

↑ 使用不同的白平衡模式拍摄出不同的色彩效果【上图 焦距：30mm 光圈：f/9 快门速度：1/50s 感光度：100】【下图焦距：30mm 光圈：f/9 快门速度：1/100s 感光度：100】

❶ 在**拍摄菜单2**中选择**白平衡**选项

❷ 点击可选择不同的白平衡选项，然后点击 SET OK 图标确认

❸ 若选择**自动**选项时，点击 INFO. AWB⇄AWBW 图标，可以点击选择**自动：氛围优先**或**自动：白色优先**选项，然后点击 SET OK 图标确认

操作方法：按住白平衡按钮 WB，转动速控转盘 ◎ 可以选择不同的白平衡模式。

除了自动白平衡外，Canon EOS 5D Mark Ⅳ还提供了日光、阴影、阴天、钨丝灯、白色荧光灯及闪光灯6种预设白平衡，它们分别针对了一些常见的典型环境，使用这些预设的白平衡可以快速获得需要的设置。

⬆ 拍风光时，一般只要将白平衡设置为**日光白平衡**模式，就能获得较好的色彩还原，因为无论光线怎么变化也是来自太阳光。晴天模式的白平衡比较强调色彩，使颜色比较饱和

⬆ 使用**闪光灯白平衡**模式主要用于平衡使用闪光灯时的色温，较为接近阴天时的色温

⬆ **白色荧光灯白平衡**模式会营造出偏蓝的冷色调。不同的是，白色荧光灯白平衡的色温比钨丝灯白平衡的色温更接近现有光源的色温，所以色彩相对接近原色彩

⬆ **钨丝灯白平衡**模式适合拍摄与其相符的色温条件下的场景，而拍摄其他场景会使画面色调偏蓝，严重影响色彩还原

⬆ 在相同的现有光源下，**阴影白平衡**模式可以营造出一种泛黄的暖色调感觉，这种色调应用在古建筑摄影上可以制造出一种陈旧沧桑的感觉

⬆ 在相同的现有光源下，**阴天白平衡**模式可以营造出一种浓郁的红色的暖色调，给人一种温暖的感觉

⏣ 自定义白平衡

自定义白平衡模式是各种白平衡模式中最精准的一种，是指在现场光照条件下拍摄纯白的物体，相机会认为这张照片是标准的"白色"，从而以此为依据对现场色彩进行调整，最终实现精准的色彩还原。

在Canon EOS 5D Mark Ⅳ中自定义白平衡的操作步骤如下。

❶ 在镜头上将对焦方式切换至MF（手动对焦）方式。

❷ 找到一个白色物体，然后半按快门对白色物体进行测光（此时无需顾虑是否对焦的问题），且要保证白色物体充满中央的点测光圈，然后按下快门拍摄一张照片。

❸ 在"拍摄菜单2"中选择"自定义白平衡"选项。

❹ 此时将要求选择一幅图像作为自定义的依据，选择前面拍摄的照片并确定即可。

❺ 要使用自定义的白平衡，可以按下机身上的 Q 按钮，然后在速控屏幕的白平衡选项中选择 ▨ （用户自定义）选项并点击 SET OK 即可。

例如，在室内使用恒亮光源拍摄人像或静物时，由于光源本身都会带有一定的色温倾向，因此为了保证拍出的照片能够准确地还原色彩，此时可以通过自定义白平衡的方法进行拍摄。

❶ 切换至手动对焦方式

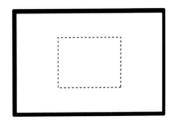
❷ 对白色对象进行测光并拍摄

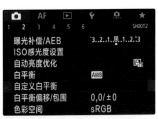
❸ 选择**自定义白平衡**选项

> **提示**
>
> 在实际拍摄时灵活运用自定义白平衡功能，可以使拍摄效果比使用滤色镜获得的效果更自然，操作也更方便。但值得注意的是，当曝光不足或曝光过度时，使用自定义白平衡可能无法获得正确的白平衡。在实际拍摄时可以使用18%灰度卡（市面有售）取代白色物体，这样可以更精确地设置白平衡。

❹ 选择所拍摄的照片作为自定义的依据，然后点击屏幕上的 SET ▨ 图标确认

> **提示**
>
> 实际上，很多室内光源都有其特定色温，比如一些恒亮的照明器材或灯泡，其产品规格上就会明确标出其发光的色温值，因此在拍摄时可以直接按照标注的色温进行设置。当然，由于一些灯光器材并不规范，因此标注的色温值与实际的色温值可能会有所不同，我们可以通过拍摄几张样片进行查看和校正。

❺ 若要使用自定义的白平衡，选择用户自定义选项即可

12.8 色温对画面色彩的影响

🔘 什么是色温

在摄影领域色温用于说明光源的成分，单位用"K"表示。例如，日出日落时，光的颜色为橙红色，这时色温较低，大约3200K；太阳升高后，光的颜色为白色，这时色温高，大约5400K；阴天的色温还要高一些，大约6000K。色温值越大，则光源中所含的蓝色光越多；反之，当色温值越小，光源中所含的红色光越多。

低色温的光趋于红、黄色调，其能量分布中红色调较多，因此又通常被称为"暖光"；高色温的光趋于蓝色调，其能量分布较集中，也被称为"冷光"。通常在日落之时，光线的色温较低，因此拍摄出来的画面偏暖，适合表现夕阳静谧、温馨的感觉。为了加强这样的画面效果，可以使用暖色滤镜，或是将白平衡设置成阴天模式。晴天、中午时分的光线色温较高，拍摄出来的画面偏冷，通常这时空气的能见度也较高，可很好地表现大景深的场景，另外，使用冷色调的拍摄还可以很好地表现出清冷的感觉，达到开阔视野的效果。

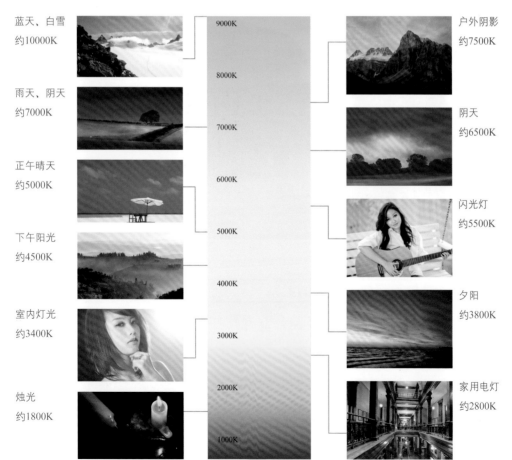

蓝天、白雪 约10000K

雨天、阴天 约7000K

正午晴天 约5000K

下午阳光 约4500K

室内灯光 约3400K

烛光 约1800K

9000K
8000K
7000K
6000K
5000K
4000K
3000K
2000K
1000K

户外阴影 约7500K

阴天 约6500K

闪光灯 约5500K

夕阳 约3800K

家用电灯 约2800K

◎ 白平衡与色温

设置白平衡实际上就是控制色温。选择某一种白平衡实际上是在以这种白平衡所定义的色温设置相机。例如，当选择钨丝灯白平衡时，实际上是将相机的色温设置为3200K；如果选择的是阴天白平衡，其实质操作是将色温设置为6000K。预设白平衡中各类白平衡的名称只是为了使摄影师便于记忆与识别。

所以，如果希望更精细地调整画面的色彩，要通过手调色温的方式来实现；如果只是想以更简便、易懂的方式理解色温、调整色温，只需要掌握不同预设白平衡对画面的影响即可。

为了应对复杂光线环境下拍摄的需要，Canon EOS 5D Mark Ⅳ在色温调整白平衡模式下的色温调整范围为2500K~10000K，最小的调整幅度为100K。用户可根据实际色温进行精确调整。

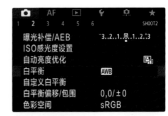

❶ 在**拍摄菜单**2中点击选择**白平衡**选项

❷ 点击选择**色温**选项，然后点击 ◀、▶图标选择色温值，选择完成后点击 SET OK图标确认

⬅ 拍摄人像时，依靠手动调节色温值将其设置在 6000K，获得暖色调的画面【焦距：180mm 光圈：f/3.5 快门速度：1/60s 感光度：400】

◎ 了解色温与画面色彩之间的关系

了解色温并理解色温与光色之间的联系后，摄影师便可以通过在相机中自定义设置色温K值，来获得色调不同的照片。

通常，当自定义设置的K值和光源色温一致时，能获得准确的色彩还原效果；若设置的K值高于拍摄时现场光源的色温时，则照片的颜色会向暖色偏移；若设置的K值低于拍摄时现场光源的色温时，则照片的颜色会向冷色偏移。

这种通过手调色温获得不同色彩倾向或使画面向某一种颜色偏移的手法，在风光摄影中经常使用。

12.9 使用预设照片风格

根据不同的拍摄题材可以选择相应的照片风格，从而实现更佳的画面效果。Canon EOS 5D Mark Ⅳ中提供了自动、标准、人像、风光、精致细节、中性、可靠设置、单色等预设照片风格。

- 自动：使用此风格拍摄时，色调将自动调节为适合拍摄场景，尤其是拍摄蓝天、绿色植物以及自然界的日出和日落场景时，色彩会显得更加生动。

- 标准：此风格是最常用的照片风格，使用该风格拍摄的照片画面清晰，色彩鲜艳、明快。

- 人像：使用该风格拍摄人像时，人的皮肤会显得更加柔和、细腻。

- 风光：此风格适合拍摄风光，对画面中的蓝色和绿色有非常好的展现。

- 精致细节：此风格会将被摄体的详细轮廓和细腻纹理表现出来，颜色会略微鲜艳。

- 中性：此风格适合偏爱计算机图像处理的用户，使用该风格拍摄的照片色彩较为柔和、自然。

- 可靠设置：此风格也适合偏爱计算机图像处理的用户，当在5200K色温下拍摄时，相机会根据主体的颜色调节色彩饱和度。

- 单色：使用该风格可拍摄黑白或单色的照片。

❶ 在**拍摄菜单3**中选择**照片风格**选项

❷ 点击选择不同的选项，然后点击 SET OK图标确定

> **提示**
>
> 在拍摄时，如果拍摄题材常有较大的变化，建议使用"标准"风格，比如在拍摄人像题材后再拍摄风光题材时，这样就不会造成风光照片不够锐利的问题，属于比较中庸和保险的选择。

标准风格　人像风格

风光风格

精致细节

中性风格

可靠设置风格　单色风格

第4篇 常见题材实拍技巧

04

Chapter 13 美女、儿童摄影技巧

13.1 拍摄直射光下的人像

选择合适的位置躲避强光

　　直射光下的光线十分强烈，照射到的景物会产生强烈的反差，拍摄人像时会产生浓重的阴影。因此，可以寻找凉亭、树荫等有阴影的地方来避免这样的强光。

　　当然，在拍摄时还要避免树荫下斑驳的光线。当强烈的阳光被树荫打散照射在拍摄对象上时，会产生不均匀的一块亮、一块暗的效果，此时可以通过改变主体的位置，引导模特转头或打遮光伞等方式来避开这些斑驳的光线。

➲ 在树荫处拍摄人像，有效地避免了强烈的直射光，借助反光板对模特面部进行补光，可使其皮肤看起来更加白皙细腻【焦距：135mm 光圈：f/2 快门速度：1/160s 感光度：200】

控制高光

　　在视觉习惯上，人们总是会被画面中明亮的部分吸引，不过，如果拍摄环境中出现过于明亮的光源会破坏画面整体美感，因此，高光的控制和表现非常重要。

　　在户外拍摄人像时，应该尽量避开直射的光源，比较可行的方法是利用模特的头或身体去遮挡，还可以将光圈开到最大或用较长的焦距，并尽可能地靠近模特拍摄，这样能在一定程度上模糊高光区域。

➲ 利用大光圈拍摄人像，尽可能地虚化背景，突出主体的同时又有效地控制了高光【焦距：85mm 光圈：f/2.8 快门速度：1/640s 感光度：200】

🔅 使用反光板为逆光或侧逆光人像补光与制造遮阴处

午后的阳光非常强烈，如果直接照射到模特身上，很容易形成"死白"的现象，有条件的话可以制造一个"光线三明治"，即在模特的头顶上打一块黑色反光板，再用白色、金银混合色反光板从模特下方或侧面反射补光。

由于头顶的反光板不完全透明，强烈的直射光穿过反光板后会变成柔和的散射光，从而使拍摄的画面具有柔和的质感，而侧面的反光板则可以创造出均匀、明亮的光线，避免模特背光面看起来太暗，产生与背景严重不协调的问题。

光线

由于直射光线过于强烈，在模特的头顶打了一块黑色反光板

对焦

使用手选对焦点，对其眼睛进行对焦，这样拍出来的画面在视觉效果上会比较舒服

构图

让模特背对镜头站立，并转过身子形成S形构图，以更好地突显女性婀娜的身姿

⬇ 在模特的头顶打了黑色反光板后，照射到其头顶的光线变得柔和许多，可看出其面部没有阴影【焦距：70mm 光圈：f/3.2 快门速度：1/100s 感光度：200】

镜头

考虑到拍摄距离等因素，因此推荐大光圈的镜头，此处使用50mm的标准镜头，f/1.4的光圈进行拍摄

亮度

使用反光板在模特面前补光的作用是可提亮其面部，使其皮肤有种透亮感，因为模特处于背光的角度，眼神会略显暗淡，如果使用白色反光板从正面补光可改善这种状况

色调

在户外拍摄使用反光板补光时，可将白平衡调至"AWB"模式，如果想肤色更柔美，可在照片风格里设置"人像"模式

◉ 通过构图过滤掉灰白色的天空

　　在直射光下或阴天拍摄时，当按地面物体进行测光及曝光后，很容易使天空的曝光过度而呈现灰白色，此时的天空基本没有细节与层次。

　　因此在拍摄人像时，应注意尽量避开明亮的天空，以免画面中的天空出现一片灰白色，影响画面的质量。

　　比较好的方法是通过构图，使天空不再出现在画面中，例如，可以采取俯视的角度拍摄或者让模特移动至高大的花丛、灌木和树林前再进行拍摄。

⬆ 平视拍摄时，照片中白色天空部分过大，影响了照片的整体美感

⬆ 利用大光圈虚化背景，得到主体突出、色彩清丽的照片【焦距：50mm 光圈：f/2.8 快门速度：1/800s 感光度：400】

寻找逆光树叶

在逆光或侧逆光条件下拍摄时，如果能够找到一片小树林作为背景，可以通过大光圈虚化背景的方法，使背景明亮的树叶虚化成闪烁小光点，为照片增加浪漫的气氛。

除了小树叶外，还可以寻找低矮的灌木丛或雨后沾满水珠的草丛作为背景，只要拍摄时所选角度合适，都能够获得不错的光斑背景效果。

◯ 摄影师以一个较低的角度拍摄模特，并把逆光的叶子作为背景，使画面充满梦境的色彩【焦距：100mm 光圈：f/3.2 快门速度：1/125s 感光度：200】

让拍摄对象背对太阳

在直射光线环境下拍摄时，如果没有遮阴处，还可以选择让模特背对太阳拍摄。逆光角度拍摄时，可以形成好看的轮廓光来分离模特与背景。

只是因为光线过于强烈，头发上的高光会显得太明亮，而模特的面部也会没有立体感，为了避免这样的状况，应使用反光板或闪光灯来提亮面部，减轻头发过亮的现象，还可改善面部平板的现象。

◯ 为避免直射光对人物面部细节的削弱，拍摄时可以让模特背对太阳进行拍摄，使头发边缘出现金色的轮廓光，使画面看上去非常唯美【焦距：85mm 光圈：f/2.8 快门速度：1/250s 感光度：100】

13.2 拍出漂亮的眼神光

拍摄人像时，摄影师大多专注于模特的表情、姿态、服饰与环境，力求将这几方面处理得完美无瑕。不过，即使以上几方面都很到位，如果忽略了眼神光，仍会使照片画面显得沉闷。

特别是对眼睛比较大的模特而言，如果没有拍摄到眼神光，会使其眼睛显得呆板无神，漂亮、恰当的眼神光则是画面的点睛之笔。

获得眼神光的方法有很多，如在户外拍摄时，可以通过让人物眼睛观看较明亮的区域来获得。而在室内拍摄时，通过在适当位置添加光源点，也可以获得漂亮的眼神光。光源的尺寸越大，或光源与模特的距离越近，眼神光就会越明显，但要考虑眼神光的大小与脸部面积的匹配。如果在一个较昏暗的空间，让模特向窗外亮处看，就能够轻松获得最真实、自然的眼神光。

在使用闪光灯充当光源点时，其位置要离模特远一些，不能影响拍摄场景已经设置好的光线环境。相对于闪光灯而言，使用地灯更容易获得理想的眼神光。

➡ 摄影师很好地控制了模特的眼神光，模特熠熠闪亮的眼神成为画面的焦点，给人一种俏皮可爱的感觉【焦距：50mm 光圈：f/7.1 快门速度：1/125s 感光度：100】

13.3 拍摄天使宝贝

既快又多是基本原则

对于儿童来说，适合于拍摄的状态有可能稍纵即逝，摄影师必须提高单位时间内的拍摄效率，才可能从大量照片中选择优秀的照片。

因此，拍摄儿童最重要的原则是拍摄动作快、数量多、构图变化多样。

↑ 游戏和玩具可以使宝宝更加开心，使拍摄过程变得更加轻松、自然，在这种状态下可以很轻松地抓拍到精彩的瞬间画面【焦距：45mm 光圈：f/11 快门速度：1/125s 感光度：100】

以齐眉高度平视拍摄

不少摄影初学者在拍摄儿童时，总是站着以俯视的角度拍摄，但以这种角度拍摄的照片中儿童显得很矮，并且容易产生变形，儿童的头部会显得很大，腿脚部分则看起来很短。

正确的方法是拍摄时让相机与孩子处于齐眉高度，因此，拍摄时摄影师要蹲下或趴下，这样相机的高度就基本上可以和儿童保持齐眉的高度了。

当然，也可以尝试用仰视的角度拍摄，这样能够使身体较矮的儿童在照片中看起来更加高大，这样的照片看起来更新颖、有趣。

➡ 平视拍摄时，不会使孩子有压迫感，可拍摄到孩子自然、真实的表情【焦距：105mm 光圈：f/4 快门速度：1/320s 感光度：200】

用合适的对焦模式确保画面的清晰度

在拍摄儿童时，由于其大多数处于玩耍的状态中，行动变化难测，尤其是当拍摄活泼好动的儿童时，准确对焦更是一件比较困难的事。

此时可以将相机设置为人工智能伺服自动对焦模式。这种对焦模式的优点是，当拍摄对象的位置发生变化时，相机能够自动调整焦点，保持始终对焦在拍摄对象上，从而得到清晰的照片。

因此，在实际拍摄时，通过半按快门进行对焦操作后，即使孩子突然移动位置，相机也可以自动地跟踪对焦，从而抓拍到玩耍中的孩子。

⬆ 儿童的精力是有限的，因此摄影师要遵循"既快又多"的原则，在有限的时间内尽可能拍出多样的照片【焦距：180mm 光圈：f/4 快门速度：1/320s 感光度：100】

表现孩子细腻、白皙的皮肤

拍摄儿童时，除了表现其动作、表情外，还要注意在画面中表现孩子细腻、白皙的皮肤。

相对于其他光线而言，柔和的顺光由于不会产生厚重阴影，因此适合表现儿童的皮肤。

在拍摄时，可以在正常的测光数值的基础上，适当增加0.3挡~1挡的曝光补偿。这样拍摄出的画面显得更亮、更通透，儿童的皮肤也会更加粉嫩、细腻、白皙。

⬅ 通过增加1挡曝光补偿，可以让儿童的皮肤更显白皙细腻【焦距：200mm 光圈：f/4 快门速度：1/200s 感光度：100】

◉ 抓拍有趣的瞬间

儿童是天生的表演者，他们的表情千变万化，只有使用快速抓拍的方式才能记录下他们的喜怒哀乐。除了灿烂的笑容外，还应该拍摄哭泣的、生气的、发呆的、沉默的、搞怪的表情等。他们每一个不寻常的表情，都有可能成为妙趣横生的照片。

儿童活泼好动，动作难以预测，因此拍摄者应该注意抓拍有趣生动的瞬间，为了提高抓拍的成功率，要注意提高快门速度并使用连拍模式。

↑ 摄影师利用镜头的长焦端抓拍到儿童搞怪的瞬间，十分可爱，使画面充满了童趣【焦距：180mm 光圈：f/5.6 快门速度：1/320s 感光度：100】

◉ 善用道具与玩具

专业的儿童摄影师通常都在摄影中使用道具，不但可以增加画面的情节，还可以营造出一种更加生动、活泼的气氛。道具可以是鲜花、篮子、吉他、帽子等，但要根据儿童的年龄、性别来选择。

儿童摄影另一类常用的道具是玩具。当儿童看见自己感兴趣的玩具时，自然会流露出好玩的天性，在这种状态下，拍摄的效果要比任何摆拍的效果都自然、生动。

← 利用道具不仅可以拍摄风格迥异的创意照片，还可以用来丰富画面元素，拍出更加自然的照片【焦距：35mm 光圈：f/3.2 快门速度：1/200s 感光度：200】

Chapter 14　风光摄影技巧

14.1　风光摄影理念

利用人使风光画面更壮丽生动

很多摄友发现自己拍的山峰、海洋等壮观景色并没有现场看到的风景那么壮丽、雄伟、生动，最大的原因可能是画面中缺失了能够体现这些风景真实尺寸的对比元素。

因此，拍摄时通常应该将游客或当地居民纳入画面，通过对画面中风景与人物大小的强烈对比，使观者感受到湖水的壮阔、山峰的雄伟、风景的壮丽，并使画面由于人的加入而更显生动。

↑ 摄影师拍摄连绵的山体时，将前景处的人一并纳入画面，利用大小对比，增加了山的体量，让画面看上去更加恢宏壮丽【焦距：24mm　光圈：f/9　快门速度：1/500s 感光度：100】

让具象的风景抽象起来

许多风光摄影师偏爱使用广角镜头拍摄风景，以展现草原、荒野、雪山、海洋的壮阔气势，但如果希望得到更有特色的画面，有时要反其道而行之，使用长焦镜头来拍摄。

长焦镜头可以使画面中不再出现多余、杂乱的风景元素，往往能够获得难得一见的视角。例如，将风景的局部元素抽象成几何图形和大面积的色块。拍摄时要注意通过构图使整个画面有一种几何结构感。若想在这方面有所学习，可以多观赏抽象绘画大师的画作，从中学习其精湛的构图形式。

↑ 利用镜头的长焦端拍摄水波的局部，使画面看起来似一幅抽象的油画，十分漂亮【焦距：250mm　光圈：f/6.3　快门速度：1/320s 感光度：100】

于平凡处发现美

许多摄影师认为只有跋山涉水才可以找到好的景致，但无数优秀的照片证明，好的景致不一定全在远方，在自己工作的单位或家附近也有值得拍摄的题材，不妨重新审视停车场的周边，楼下的公园，以及稍远一点的田间地头。

只要善于观察细节，就会发现乌云、闪电、雨水、枯枝、落叶、雪花、冰凌、小花等均能够在这些熟悉的场景中，构成既生动有趣而又耐人寻味的影像画面。因此不仅在雨后、雪后、雾中、电闪雷鸣的夜晚，甚至在最平常的日子里，都可能因为新的观察角度而拍摄出富有新意的作品。

⬆ 摄影师利用大光圈拍摄树上挂满水珠的蜘蛛网，将如此平常的场景拍出非同寻常的效果，给人一种晶莹、清透的感觉【焦距：100mm 光圈：f/4.5 快门速度：1/400s 感光度：320】

拍摄一个有时间跨度的专题

在人文摄影领域中，焦波用20年的时间拍摄了《俺爹俺娘》这样一个专题，给摄影界带来了很大震动，并开阔了摄影师对于专题摄影的想象空间。

实际上在风光摄影领域中，也可以用一年为周期以不同的拍摄方式、不同的镜头、摄影技巧和拍摄角度，拍摄一个专题。在不同的光线条件、季节和天气状况下拍摄，以便与其他拍摄同一对象的照片相异。

这样的拍摄对象大到一座城市、一座农场，小到一条河流、一棵树。到年末的时候，就会有一个完全由个人创作的专题问世，不仅记录了自己的摄影历程，还记录了时间的变迁。

⬆ 摄影师把一年作为一个时间跨度，拍摄不同季节的同一处公园小景，使画面看上去很有时间感和延伸感

14.2 山景的拍摄技巧

❖ 利用前景突出山景的秀美

在拍摄各类山川风光时，如果能在画面中安排前景，配以其他景物（如动物、树木等）作陪衬，不但可以使画面有立体感和层次感，而且可以营造出不同的画面气氛，大大增强了山川风光作品的表现力。

例如，有野生动物的陪衬，山峰会显得更加幽静、安逸，也更具活力，同时还增加了画面的趣味性。如果利用水面或花丛作为前景进行拍摄，则可增加山脉秀美的感觉。

↑ 拍摄山体时，将河边的树木、青草、野花、牛群一并纳入画面，避免了画面的单调刻板，让其更有层次性，还为画面增添了几分生气【焦距：30mm 光圈：f/16 快门速度：1/200s 感光度：100】

❖ 用逆光或侧逆光拍出山峦的线条美感

如果要表现山峦的轮廓线条，最好使用逆光或侧逆光拍摄，拍摄时以天空为曝光依据，即可将山峦拍摄成剪影的形式。

取景时既可选择比较有形体特点的山峦局部进行拍摄，也可以使用广角镜头拍摄连绵不绝的山峦，表现出山峦层峦叠嶂的感觉。

如果拍摄时间选在早上，则山间的雾气会使画面像一幅浓淡相宜的中国画。

↑ 逆光拍摄山体，通过对天空较亮处进行测光，山体由于曝光不足呈现完美的线条轮廓，给人一种意境美【焦距：70mm 光圈：f/11 快门速度：1/250s 感光度：100】

◉ 拍摄日照金山与银山的效果

拍摄出日照金山与日照银山的效果实际上都是以雪山为拍摄对象，区别在于拍摄的时间段不同。

如果要拍摄出日照金山的效果，应该在日出时分进行。此时，金色的阳光将雪山顶渲染成金黄色，但阳光没有照射到的地方还是很暗，如果按照相机内置的测光参数进行拍摄，画面的阴影部分面积较大，相机会将画面拍得比较亮，造成曝光过度，使山头的金色变淡。要拍出金色的效果，就应该按照"白加黑减"的原理减少曝光量，即向负的方向做0.5级~1级的曝光补偿。

如果要拍摄出日照银山的效果，应该在上午或下午进行拍摄。此时阳光的光线强烈，雪山在阳光的映射下非常耀眼，在画面中呈现出银白色的反光。拍摄时，不能使用相机的自动测光功能拍摄，否则拍摄出的雪山将是灰色的。要想还原雪山的银白色，要向正的方向做1级~2级曝光补偿量，这样拍出的照片才能还原银色雪山的本色。

⬆ 傍晚，柔和的光线将雪山染成暖黄色，画面看上去金灿灿的一片，给人一种日照金山的感觉【焦距：35mm 光圈：f/8 快门速度：1/200s 感光度：400】

◉ 用V形强调山谷的险峻

拍摄山谷时不一定要选择全景，那样画面虽然很宏伟，但是不能突出山谷险峻的特点。拍摄者可以只截取一部分进行拍摄。此时应该用V形构图，以突出山谷跌宕起伏的特点以及险峻的山势。

◉ 用斜线强调山体的上升感

在构图中斜线能够给人一种动感，将斜线构图运用在拍摄山峦中，则能够通过画面为山峦塑造一种缓慢上升的动势，斜线的角度越大，山体感觉上升越急促、陡峭；反之则越舒缓。

14.3 水景的拍摄技巧

◉ 利用高速快门凝固浪花

要想拍摄出"惊涛拍岸，卷起千堆雪"的效果，需要特别注意快门的速度。

很高的快门速度能够在画面中凝固浪花飞溅的瞬间，此时如果在逆光或侧逆光下拍摄，浪花的水珠就能够折射出漂亮的光线，使浪花看上去真实剔透。

如果快门速度稍慢，也能够捕捉到浪花拍击在礁石四散开去的场景，此时由于快门速度稍慢，飞溅开去的水珠会在画面中形成一条条白线，使画面极富动感，得到不错的画面。拍摄时最好使用快门优先曝光模式，以便设置快门速度。

⬆ 摄影师利用高速快门捕捉到海浪撞击礁石、水花四溅的瞬间，画面看起来很有气势【焦距：22mm 光圈：f/13 快门速度：1/1250s 感光度：200】

◉ 利用偏振镜拍出清澈透明的水面

在茂密的山林间常能够见到临近岸边的水面清澈见底的小湖或幽潭，此时不仅能够看到绿油油的水草在柔波里轻轻飘摇，还能看到水底浑圆的鹅卵石，微风吹过照射在水下的阳光，一束束的在水下闪烁、游动，给人透彻心扉的清凉感觉。

如果要拍摄出这样漂亮的场景，要在镜头前方安装偏振镜，以过滤水面反射的光线将水面拍得很清澈透明，使水面下的石头、水草都清晰可见。

⬆ 摄影师通过在镜头前加装偏振镜过滤掉水面的反射光，使湖水看起来清澈见底【焦距：45mm 光圈：f/13 快门速度：1/200s 感光度：100】

◉ 逆光表现波光粼粼的水面

无论拍摄的是湖面还是海面，在逆光、微风的情况下，都能够拍摄到闪烁着粼粼波光的水面。

如果拍摄时间接近中午，光线较强，色温较高，粼粼波光的颜色偏向白色。如果拍摄时是清晨、黄昏，光线较弱，色温较低，则粼粼波光的颜色偏向金黄色。

为了拍摄出这样的美景，要注意如下两点。

其一，要使用小光圈，使粼粼波光在画面中呈现为小小的星芒。

其二，如果波光的面积较小，要做负向曝光补偿，因为此时场景的大面积为暗色调；如果

⬆ 傍晚，太阳的余晖洒在水面，微风拂过水面呈现波光粼粼的景象，非常漂亮，前景处两只呈剪影效果的鹅为画面增添了几分生气【焦距：200mm 光圈：f/16 快门速度：1/40s 感光度：100】

波光的面积较大，是画面的主体，要做正向曝光补偿，以弥补反光过高对曝光数值的影响。

◉ 利用中长焦镜头展现溪流局部

大场景固然有大场景的气势，而小画面也有小画面的精致，因此拍摄自然风光时应该大小结合，从中寻找到不同的角度进行拍摄。

例如，拍摄溪流、瀑布时，可以使用广角镜头表现其宏观场景固然不错，但如果条件不便、光线不好，也不妨用中长焦镜头沿着溪流寻找一些小的景致，如浮萍飘摇的水面、遍布青苔的鹅卵石、落叶缤纷的岸边，也能够拍摄出别有一番风味的作品。

⬆ 摄影师通过长焦镜头配合低速快门，拍摄到呈丝状的溪流小景，使画面极具动感【焦距：35mm 光圈：f/8 快门速度：1/2s 感光度：100】

14.4 太阳的拍摄技巧

❷ 找到拍摄太阳的最佳时机

拍摄太阳的主要时间段是日出与日落，这两段拍摄时间都非常短暂，尤其是日出时，太阳会"突然"跃出地平线，且太阳在离开地平线后，天空中的色彩便会迅速消逝，摄影师必须要在日出前后的短暂时间内及时捕捉精彩瞬间。

与日出相比，拍摄日落则显得从容一些。在太阳下落的过程中，摄影师能够目睹其下落的全过程，因此对其位置、亮度能够有一定的预见性。在太阳未到达地平线以前，天空中的云彩便在光线的折射、反射下出现了精彩的变化，且太阳落在地平线之下以后的一段时间，天空仍然有精妙的颜色，因此有经验的摄影师并不会在太阳下山后马上离开。

日出时空气潮湿，景物轮廓的清晰度和色彩饱和度比较差，透视感强，景物像蒙上一层薄纱，光线比较柔和，拍摄时可以适当通过调整照片风格选项，调高照片的锐度与饱和度。

⬆ 傍晚，太阳快要沉入海中时，光辉最强烈，将天空和水面都浸染成暖黄色调，增强了黄昏的氛围【焦距：100mm 光圈：f/6.3 快门速度：1/1000s 感光度：100】

❷ 用白平衡渲染晚霞色彩

要在日落后拍出瑰丽的晚霞，一定要灵活使用白平衡。拍摄时可将白平衡设定为"阴天"预设白平衡模式，或者将色温直接设定到6000K以上，使画面的主色调成为红色。

按此方法拍摄时，即使晚霞的色彩并不太鲜艳，也可使画面中的晚霞映红整个天空。

⬆ 傍晚拍摄晚霞时，摄影师将色温设在6000K，得到红彤彤的天空，给人一种视觉上的震撼【焦距：24mm 光圈：f/22 快门速度：1/4s 感光度：200】

⏣ 使用正确的曝光方法

拍摄日出与日落时，较难掌握的是曝光控制。日出与日落时，天空和地面的亮度反差较大，如果对准太阳测光，太阳的层次和色彩会有较好表现，但会导致云彩、天空和地面上的景物曝光不足，呈现出一片漆黑的景象；而对准地面景物测光，会导致太阳和周围的天空曝光过度，从而失去色彩和层次。

正确的曝光方法是使用点测光模式，对准太阳附近的天空进行测光，这样不会导致太阳曝光过度，更重要的是，能够更好地表现天空中的云彩。

为了保险起见，可以在标准曝光参数的基础上增加或减少1挡或半挡曝光补偿，再拍摄几张照片，以供更多选择。如果没有把握，不妨在高速连拍模式下使用包围曝光，以避免错过最佳拍摄时机。

⬆ 使用点测光对太阳周边测光，得到太阳和水面均曝光合适的画面【焦距：55mm 光圈：f/9 快门速度：1/400s 感光度：250】

❖ 利用生动陪体为画面增强灵动感

在拍摄日出或日落场景时加入一些鸟儿的身影，可以使画面活泼、生动。

除了飞鸟以外，也可以根据当时的拍摄环境，加入行人、游船等陪体，这样均能起到相同的作用。在构图时，要注意安排太阳与陪体之间的位置，使两者之间能够均衡、呼应。

⬆ 摄影师通过利用 400mm 以上的长焦镜头拍摄到较大体积的太阳，画面给人一种强烈的视觉冲击，而前景处的游人则为画面增添了几分生气【焦距：400mm 光圈：f/7.1 快门速度：1/1000s 感光度：500】

❖ 将太阳拍出光芒万丈的感觉

放射线的视觉张力很强，这样的画面看起来更有视觉冲击力。这种光线通常是在日出日落时太阳进入云层后，由云彩的间隙中透射出来的光线形成的。此时是拍摄万丈霞光的良好时机。

拍摄时应注意太阳位置的变化，当太阳进入云彩后面时，迅速运用点测光对准太阳附近的云彩亮部进行测光，这样才能保证得到光芒万丈的效果，天空中云层的细节也能最大限度地保留。

⬆ 缩小光圈后拍摄透过云层的放射光线，画面看上去十分梦幻、迷人【焦距：32mm 光圈：f/6.3 快门速度：1/200s 感光度：400】

14.5 云雾的拍摄技巧

拍摄雾气时使用曝光补偿的技巧

白天的云雾往往偏亮色，拍摄时必须加+1/3EV~+2/3EV的曝光补偿。具体增加多少曝光补偿量要根据云雾的面积、亮度反复尝试曝光补偿的级数而定。如果补偿过度，云雾就会失去空气感和质感；而如果曝光不足，雾气会显得灰暗。

早晨或黄昏时的雾具有日出前和日落后色温高的特征，如果以自动白平衡模式拍摄，云雾在照片中呈现为蓝调。此时不宜加大曝光补偿，否则画面会显得毫无情调，体现不出此时拍摄的特点。

另外，根据雾的浓淡不同，曝光补偿量也有所变化。雾浓时曝光补偿可以增大为+2/3EV~+1EV，薄雾时要根据背景和拍摄对象的亮度进行区分，可以考虑不进行曝光补偿，或将曝光补偿调整至+1/3EV。

⬆ 为了更好地突出云雾轻盈、梦幻的效果，增加了1挡曝光补偿，使云雾更加洁白【焦距：85mm 光圈：f/8 快门速度：1/800s 感光度：200】

用低速快门拍出流动的云彩

天空中的云彩实际上每一刻都在不停移动着，只是由于距离地面的人较远，且大多数情况下观察的时间较短，因此云彩移动的感觉不明显，但如果长时间在同一位置观察云彩，就能够清晰地感觉到云彩的流动感。

具有静止云彩的画面较为常见，而如果能够在画面中将云彩拍出动感，则能够为画面带来新意。要做到这一点，可以使用低速快门在保证不会曝光过度的前提下，使用长时间的曝光，即可使云彩在画面中形成运动模糊的效果。如果拍摄时的环境较亮，可以考虑使用中灰镜来阻光，以降低快门速度。

⬆ 通过长时间曝光记录下云彩的运动轨迹，与水边的树林形成动静对比，营造出一种时间飞速流逝的感觉。拍摄时为了延长曝光时间，在镜头前面加装了中灰镜【焦距：22mm 光圈：f/8 快门速度：120s 感光度：100】

◉ 利用留白使画面更有意境

留白是拍摄雾景画面的常用构图方式。在拍摄时，主体应该是深色或有其他色彩的景物，并且被安排在画面中黄金分割点的位置上。

画面的空白区域则应该由雾气构成以形成构图上的留白，给观者以想象的空间。按此方法拍摄不但可以突出主体，还能使画面看起来唯美并具有艺术感。

⬆ 画面中由浅至深、由浓转淡的云雾将山体衬托得若隐若现，犹如仙境一般，同时增加 1 挡曝光补偿使云雾更为亮白，层次更为丰富【焦距：24mm 光圈：f/8 快门速度：1/200s 感光度：100】

14.6 花卉的拍摄技巧

◉ 逆光表现半透明花瓣的技巧

逆光拍摄花卉有助于清晰地勾勒出花朵的轮廓线。逆光中光线还可透过花瓣呈现出透明或半透明效果，更细腻地表现出花的质感、层次和花瓣的纹理。要注意的是，此时拍摄应加用闪光灯、反光板进行适当的补光处理。

拍摄时应对准画面的亮处进行测光，并根据拍摄环境的光线情况，适当地增加曝光补偿，以强化花朵的半透明效果。

⬆ 使用逆光光线拍摄花朵，对其亮处进行测光，花瓣的边缘呈现出半透明感，增强了花的质感和立体感【焦距：100mm 光圈：f/6.3 快门速度：1/320s 感光度：500】

❖ 利用小昆虫为花朵增添生机的技巧

自然界中的小生灵经常会与美丽的花草、翠绿的树叶一起出现。在拍摄花卉时，用昆虫点缀画面，不仅可以使画面更加饱满、充满生机，而且还能突显大自然的和谐与神奇。

拍摄带有小生灵的照片时，要仔细寻找适合的小生灵。拍摄时还要注意控制好景深，较浅的景深对于突出画面的局部细节很关键。另外，在拍摄时必须对拍摄意图有清晰地认识——想要表达的主体是昆虫还是花朵。如果主体是花朵，昆虫就不要在画面中占据太显眼的位置，昆虫的色彩也不能过于艳丽，否则会喧宾夺主，干扰主体的表现效果。

↑ 使用镜头的长焦端拍摄花朵时，一只蜜蜂恰巧落在花瓣上，不仅突出了花朵与蜜蜂之间的和谐关系，也使画面更具生气【焦距：100mm 光圈：f/4 快门速度：1/800s 感光度：100】

❖ 利用水滴使花朵显得更娇艳

水滴对花卉具有非常好的装饰作用，通常在清晨或雨后才有机会见到这样的自然场景。当然，我们也可以随身带一个小型喷雾器，只需简单喷几下，就可以形成水滴的效果。

拍摄带水珠的花朵时，背景应该稍暗一点，这样拍出的水珠才显得更加晶莹剔透。拍摄之前要变换不同角度观察水珠的光影效果，找到带有反光、透明、澄澈的水珠角度，或者通过反光板人为地为水滴制造反光效果。由于拍摄的距离较近，因此建议使用微距镜头拍摄，在测光与对焦方面应该以花朵上的水滴为主。

↑ 摄影师通过在花朵上人为地喷洒水，并利用大光圈背景虚化，晶莹的水珠使鲜花看起来更加娇艳欲滴【焦距：100mm 光圈：f/4.5 快门速度：1/13s 感光度：400】

14.7 雪景的拍摄技巧

◑ 增加曝光补偿使积雪更洁白

在拍摄白色冰雪时，由于相机的内测光表是针对18%的中间灰作为标准测光的，在拍摄较亮物体时，较强的反射光会使测光数值降低1挡～2挡的曝光量，故在保证不会曝光过度的同时，可通过适度增加曝光补偿的方法如实地还原白雪的明亮度，这几乎是拍摄所有雪景都要首先遵守的曝光原则。

⬆ 拍摄山间雪景时，摄影师特意增加了1挡曝光补偿，使白雪的明度得到增强，与前景的山石形成强烈的明暗对比【焦距：18mm 光圈：f/13 快门速度：1/640s 感光度：100】

◑ 用侧光突出雪景的立体感

拍摄雪景时光线的选择有一定技巧，顺光及阴天下的漫反射光线不利于表现雪粗糙的质感，逆光不适宜表现雪的层次，因此拍摄雪景应该多采用侧光、侧逆光，最佳的拍摄时间是早晨和傍晚。在这两个时间段拍摄不仅能够体现雪的质感，还能够通过天空中多变的云霞为照片增色。

⬆ 利用侧光拍摄雪景的局部，雪的颗粒感和质感得到很好的表现【焦距：120mm 光圈：f/8 快门速度：1/500s 感光度：400】

⚙ 调整白平衡拍出特殊色调的雪

如果在拍摄雪景时希望画面在色彩方面呈现较为特殊的颜色，可以在拍摄时尝试多种不同的白平衡设置，也许会有奇妙色彩的画面效果出现。在具体操作方面，可以通过改变色温值的方法进行白平衡调整，或者是通过直接设定不同白平衡模式的方法进行调整。

尤其在拍摄被冰雪覆盖的世界时，通过调整白平衡，极易影响画面的色彩效果，例如借着天边朝霞的色彩，将白平衡模式设置为荧光灯白平衡模式，可获得整体色调偏冷的蓝色和局部泛着暖黄的色调效果，更能突显冬日里布满晨雪的冰冷寒意。

❶ 利用不同的白平衡，拍出的雪景效果也不一样，如右上图是利用"阴天"白平衡模式拍摄出的具有暖色调的雪景，右下图是利用"荧光灯"白平衡模式拍摄出的具有冷色调的雪景

14.8 树木的拍摄技巧

⚙ 利用树林里的光影增强画面空间感

当阳光穿透林间时，树木会在地上留下复杂的光影。太阳越低，影子越长。

此时用广角镜头拍摄，镜头中可以纳入更多的地面上的投影，还能让树影产生变形效果，形成放射状，从而使画面的视觉效果集中，增强画面空间感。

清晨阳光透过树木，在地上投射出长长的剪影，使画面的透视感更加强烈【焦距：24mm 光圈：f/8 快门速度：1/250s 感光度：200】

表现穿透树林的放射光

当阳光穿透树林时，由于被树叶及树枝遮挡，因此会形成一束束透射林间放射性光线，这种光线被称为"耶稣光"，能够为画面增加一种神圣感。要拍摄这样的题材，最好选择清晨或黄昏时分，此时太阳光斜射向树林中，能够获得最好的画面效果。

在实际拍摄时，可以迎向光线用逆光进行拍摄，也可以与光线平行用侧光进行拍摄。在曝光方面，可以以林间光线的亮度为准拍摄出暗调照片，衬托林间的光线；也可以在此基础上，增加1挡~2挡曝光补偿，使画面多一些细节。

用逆光拍出透明的树叶

逆光拍摄树叶可以得到有半透明效果的树叶。在拍摄时应尽量选择长焦镜头并配合使用较大光圈虚化凌乱的背景，为了制造强烈的明暗反差，可以适当降低曝光补偿。

⬆ 利用长焦镜头并配合大光圈值拍摄，获得背景虚化的效果，使得特写的逆光树叶非常突出【焦距：200mm 光圈：f/2.8 快门速度：1/800s 感光度：100】

⬅ 深秋的山林呈现一派红色的景象，阳光透过枝叶斜射下来形成放射状光线，给人一种神秘感【焦距：35mm 光圈：f/16 快门速度：1/50s 感光度：100】

用广角镜头仰视拍树冠

要表现出林木枝繁叶茂、高耸壮大、遮天蔽日的感觉，着重展现其树枝向高空无限伸展的情景时，应该尽量以广角镜头逼近主体选择低角度仰视拍摄，以夸张表现树冠。

用长焦镜头拍局部特写

许多树木都在生长过程中，在树干上形成了类型不同、形态各异的特征纹理，例如，白桦树的"眼睛"、槐树的树洞等。针对这样有特点的树干，可以用长焦镜头进行特写式表现。

15.1 拍摄昆虫的技巧

☾ 利用实时显示功能拍摄微距昆虫

对于微距摄影而言，清晰是评判照片是否成功的标准之一。由于微距照片的景深都很浅，所以在进行微距摄影时，对焦是影响照片成功与否的关键因素。

一个比较好的解决方法是，使用Canon EOS 5D Mark IV的实时显示功能进行拍摄，在实时显示拍摄状态下，拍摄对象能够通过液晶监视器显示，按下放大/缩小按钮 🔍，即可将液晶监视器中的图像进行放大，以检查拍摄的照片是否准确合焦。

↑ 将实时显示拍摄/短片拍摄开关设定为 📷，按下 🔘 按钮，即可开启实时取景显示拍摄模式

↑ 使用实时取景显示模式拍摄的状态

↑ 按放大/缩小按钮 🔍 一次后，照片中的主体被放大，此时可以查看主体局部细节

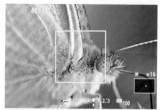

↑ 再次或多次按放大/缩小按钮 🔍，照片可以呈现出更多主体的细节，此时能更清楚地查看主体的对焦点是否清晰，细节是否足够多等

⊃ 摄影师利用实时显示拍摄模式，获得主体清晰、背景虚化的画面【焦距：100mm 光圈：f/2.8 快门速度：1/250s 感光度：400】

❂ 找到合适的拍摄方法

拍摄昆虫时常见的方法有以下3种，根据自身的条件选择最合适的拍摄方法，能够使拍摄事半功倍。

（1）手持＋自然光拍摄。这是最常见的拍摄方式，适用于偶尔拍摄昆虫的摄影爱好者。拍摄时对光线的要求比较高，由于没有补光设备，因此在逆光下拍摄时，容易造成主体过暗或背景曝光过度；在弱光环境下拍摄时，由于快门速度被迫降低，因此昆虫容易被拍虚。

（2）手持＋闪光灯。这是比较专业的拍摄方式，闪光灯可以是普通的外置式闪光灯，也可以是专业的环闪。这种拍摄方式的优点在于摄影师能够跟随昆虫快速移动，而且由于有闪光灯补光，因此能够以较高的快门速度捕捉具有动感的昆虫。

（3）脚架＋自然光或闪光灯拍摄。这是摄影师比较偏爱的方法，拍摄时还可以配合使用快门线，或反光板进行拍摄。这种拍摄方法可以很好地保持相机的稳定，但由于无法快速移动，因此这种方法仅适合于拍摄行动较迟缓的昆虫。

【焦距：100mm 光圈：f/8 快门速度：1/400s 感光度：200】

↑ 摄影师利用手持加自然光拍摄瓢虫，画面色彩鲜亮、自然

【焦距：180mm 光圈：f/13 快门速度：1/160s 感光度：100】

↑ 通过外置闪光灯对昆虫进行补光，使其看上去晶莹剔透，充满美感

【焦距：100mm 光圈：f/4 快门速度：1/200s 感光度：100】

↑ 拍摄尚没有运动趋势的昆虫时，可以把三脚架配合快门线使用，以获得高品质的画面

逆光或侧逆光表现昆虫

如果要获得明快、细腻的画面效果，可以使用顺光拍摄昆虫，但这样的画面略显平淡。

如果拍摄时使用逆光或侧逆光，则能够通过一圈明亮的轮廓光勾勒出昆虫的形体。

如果在拍摄蜜蜂、蜻蜓这类有薄薄羽翼的昆虫时，选择逆光或侧逆光的角度拍摄还可使其羽翼在深色背景的衬托下显得晶莹剔透，让昆虫显得更加轻盈，画面显得更精致。

⬆ 以逆光角度拍摄蝴蝶，在深灰色背景的衬托下蝴蝶的翅膀呈现半透明状，脉络也都清晰可见，给人一种通透、清亮的感觉【焦距：100mm 光圈：f/7.1 快门速度：1/320s 感光度：400】

突出表现昆虫的复眼

许多昆虫的眼睛都是复眼，即每只眼睛几乎都是由成千上万只六边形的小眼紧密排列组合而成的，如蚂蚁、蜻蜓、蜜蜂均为复眼结构昆虫。在拍摄这种昆虫时，应该将拍摄的重点放在眼睛上，以使观者领略到微距世界中昆虫眼睛的神奇美感。

由于昆虫体积非常小，因此对眼睛进行对焦的难度很大。为了避免跑焦，可以尝试使用手动对焦的方式，并在拍摄时避免使用大光圈，以免由于景深过小，导致画面中昆虫的眼睛部分变得模糊。

⬆ 利用手动对焦模式，将焦点置于蜻蜓的眼睛上，对其局部进行特写，可以清楚地看到复眼，使画面充满视觉冲击力【焦距：100mm 光圈：f/5 快门速度：1/200s 感光度：100】

15.2 拍摄鸟类的技巧

❂ 拍摄鸟类时宜采用连拍驱动模式

　　拍摄鸟类时，为避免单张拍摄错失精彩瞬间，可以将相机的驱动模式设置为连拍。Canon EOS 5D Mark Ⅳ在高速连拍模式下每秒能够连拍5张照片，按这种连拍速度拍摄3秒，即可获得15张连续照片，基本上能够从中选出令人满意的照片。

　　↑ 上面的一组图是利用连拍驱动模式拍摄的翠鸟捕鱼的精彩瞬间，好的摄影师不仅要能巧妙地利用连拍模式，还要能预测动作发生的趋势，抓准时机【焦距：300mm 光圈：f/8 快门速度：1/4000s 感光度：3200】

❂ 采用人工智能伺服自动对焦拍摄飞行中的鸟儿

　　绝大多数鸟类都很容易被惊扰，很可能它前一刻还在悠闲漫步，下一刻就展翅高飞了。因此，在对焦时应采用人工智能伺服自动对焦方式，以便于在鸟儿运动时能够连续对其进行对焦，最终获得清晰、准确的画面。

　　如果要进一步提高拍摄成功率，可以在选用此对焦模式的基础上配合高速连拍进行拍摄。

　　↑ 对于易被惊扰的鸟类进行拍摄时，使用人工智能伺服自动对焦模式可以连续对其对焦，以获得清晰的画质【焦距：125mm 光圈：f/7.1 快门速度：1/1000s 感光度：400】

❂ 以纯净蓝天为背景拍摄鸟儿

通过仰视以天空为背景拍摄树枝上的鸟儿，不但可以避开杂乱的枝叶，还可以将蓝天作为画面的背景，衬托出鸟的轮廓与羽毛。采用这种手法进行拍摄时，注意避免在画面中仅仅出现一根树枝与鸟儿的构图形式，通过构图在画面中纳入更多的环境元素来丰富画面。

↑利用蓝天作为背景拍摄树枝上栖息的鸟儿，让画面形成一种纯粹的美【焦距：400mm 光圈：f/5.6 快门速度：1/1250s 感光度：100】

❂ 以水面或草地为背景拍摄鸟儿

通过俯视以水面或草地为背景拍摄游禽时，可以选择既能突出主体，又可以说明拍摄环境的水面区域为背景。水面上被游禽划出的一道道涟漪能让画面极具动感。如果水面有较强的反射光，可以使用偏振镜减弱反光。另外，由于水面的反光率较高，因此曝光量应该降低1挡以避免曝光过度。

↑ 摄影师以水面作为背景拍摄鸟儿，不仅交代了背景环境，突显了主体，还利用水面倒影形成对称式构图【焦距：100mm 光圈：f/5.6 快门速度：1/200s 感光度：100】

❂ 选择合适的光线拍摄鸟儿

顺光拍摄能够较好地表现鸟儿羽毛的质感及色泽，使照片看起来真实生动。

顶光和侧光比较相似，都会使拍摄出的画面有很强的明暗对比，适合于表现鸟儿的立体感。

在逆光或侧逆光下拍摄鸟儿时，可以将测光模式设置为点测光，并针对天空的较明亮处测光，得到鸟儿的身体因曝光不足而形成的剪影效果。也可以将表现重点放在鸟儿的羽翼上，使其在光线的照射下形成半透明的效果，也使鸟儿在画面中显得轻盈、灵动。

↑ 运用逆光拍摄猫头鹰，其头部周围的毛发出现好看的轮廓光，把主体衬托得更加生动有神【焦距：300mm 光圈：f/5.6 快门速度：1/320s 感光度：400】

15.3 拍摄其他动物的技巧

◉ 抓住时机表现动物温情一面

和人类彼此之间的感情交流一样，动物之间也有着它们交流的方式。如果希望照片更有内涵与情绪，应该抓住时机表现动物温情的一面。

例如，拍摄动物妈妈看护动物宝宝时，可以重点表现"舐犊情深"的画面；在动物发情的季节拍摄，应该表现热恋中的情人"缠绵"的场面，以及难得一见的求偶场景。

⊕ 舐舐是动物间表达感情的一种方式，不仅增强了画面的温情效果，还给人以自然、亲切感【焦距：300mm 光圈：f/6.3 快门速度：1/160s 感光度：200】

◉ 逆光下表现动物的金边毛发

大部分动物的毛发在侧逆光或逆光的条件下会呈现出半透明的光晕，因此运用这两种光线拍摄毛发茂盛的动物时，不仅能够生动而强烈地表现出动物的外形和轮廓，还能够在相对明亮的背景下突出主体，使主体与背景分离。

在拍摄时应该利用点测光模式对准动物身体上稍亮区域进行测光，从而使动物身体轮廓周围的半透明毛发呈现出一圈发亮的光晕，同时兼顾动物身体背光处的毛发细节。

⊕ 利用逆光光线将宠物猫的轮廓勾勒出来，并在其毛发边缘形成漂亮的轮廓光，使主体更加突出【焦距：140mm 光圈：f/7.1 快门速度：1/200s 感光度：100】

⚙ 用特写拍摄动物的局部特征

使用长焦镜头特写表现动物的局部特征，可以使画面给人一种非常强烈的视觉冲击力。

拍摄时，往往要使动物的局部充满整个画面，在构图时可以运用黄金分割构图法则，将画面的兴趣点放在黄金分割点上。

⬆ 摄影师采用特写拍摄宠物猫的面部，让其充满整个画面，并将焦点对准眼睛，形成眼神光，给人一种强烈的视觉冲击【焦距：50mm 光圈：f/1.4 快门速度：1/320s 感光度：200】

⚙ 拍摄鱼的方法

深入水下拍摄鱼儿，对大多数摄影者来说可能性较小。大多数情况下，只能拍摄放养在鱼缸里的鱼，或散养在鱼池中的鱼。

要拍摄鱼缸中的鱼，一定要减少鱼缸玻璃上的反光干扰。比较有用的拍摄技巧是，拍摄时让相机镜头中心线尽量与玻璃表面垂直。如果玻璃上有一些污点，可以使用镜头的最大光圈进行拍摄，通过小景深虚化这些污点。

⬆ 摄影师利用大光圈将鱼缸背景虚化，以平视的角度拍摄到可爱、自然的热带鱼【焦距：60mm 光圈：f/2.8 快门速度：1/250s 感光度：320】

除了平视外，还可以采用俯拍的方法进行拍摄，并通过降低曝光补偿的方法，使水面颜色深暗，衬托出色彩鲜亮、多彩的鱼儿。如果布局得当，所拍摄出来的画面会有一种水墨国画的效果。

Chapter 16 城市建筑与夜景的拍摄技巧

16.1 拍摄建筑的技巧

◉ 逆光拍摄建筑物的剪影轮廓

许多建筑物的外观造型非常美，对于这样的建筑物，在傍晚时分进行拍摄时，如果选择逆光角度拍摄，可以拍摄出漂亮的建筑物剪影效果。

- 在具体拍摄时，只需要针对天空中的亮处进行测光，建筑物就会由于曝光不足而呈现出黑色的剪影效果。
- 如果按此方法得到的是半剪影效果，还可以通过降低曝光补偿使暗处更暗，建筑物的轮廓外形就更明显。
- 在使用这种技法拍摄建筑时，建筑的背景应该尽量保持纯净，最好以天空为背景。
- 如果以平视的角度拍摄时，背景出现杂物，如其他建筑、树枝等，可以考虑采用仰视的角度拍摄。

⬆ 傍晚，摄影师对准天空亮处曝光，圆形建筑呈现剪影效果，漂亮的轮廓线条给人一种艺术美【焦距：70mm 光圈：f/9 快门速度：1/160s 感光度：200】

◉ 拍出极简风格的几何画面

在拍摄时，建筑在画面中所展现的元素尽可能少，有时反而会使画面呈现出更加令人印象深刻的视觉效果。尤其是现代建筑时，可以考虑只拍摄建筑的局部，利用建筑自身的线条和形状，使画面呈现出强烈的几何美感。

需要注意的是，如果画面中只有数量很少的几个元素，在构图方面需要非常精确。

另外，在拍摄时要大胆利用色彩搭配的技巧，增强画面的视觉冲击力。

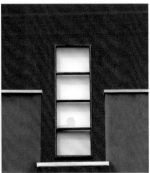

⬆ 摄影师利用建筑本身的线条拍出简洁的局部小景，画面中色彩的冲撞形成强烈的视觉效果，给人一种新鲜别致的感觉

使照片出现窥视感

窥视欲是人类与生俱来的一种欲望，摄影从小小的取景框中看世界，实际上也是一种窥视欲的体现。在探知欲与好奇心的驱使下，一些非常平淡的场景也会在窥视下变得神秘起来。

拍摄建筑时，可以充分利用其结构，使建筑在画面中形成框架，并通过强烈的明暗、颜色对比引导观者关注到拍摄主体，使画面产生窥视感，从而使照片有一种新奇的感觉。

框架结构还能给观者强烈的现场感，使其觉得自己正置身其中，并通过框架观看场景。另外，如果框架本身具有形式美感，能够为画面增色不少。

➡ 摄影师把窗户作为框架，不仅可增加画面空间感，还突出了主体在画面中的表现，给人以窥视感【焦距：50mm 光圈：f/5.6 快门速度：1/30s 感光度：100】

高感光度+"高ISO感光度降噪"功能拍摄建筑精美的内部

除了拍摄建筑的全貌和外部细节之外，有时还应该进入其内部拍摄，如歌剧院、寺庙、教堂等建筑物内部都有许多值得拍摄的壁画或雕塑。

由于建筑室内的光线通常较暗，因此在拍摄时应注意快门速度，如果快门速度低于安全快门时，应提高感光度以相应提高快门速度，防止成像模糊，为了避免画面的噪点过大，需要开启"高ISO感光度降噪功能"。

⬆ 拍摄建筑内部时，由于光线较暗，摄影师通过提高感光度、开启"高ISO感光度降噪功能"获得清晰、精美的画质【焦距：35mm 光圈：f/6.3 快门速度：1/200s 感光度：1000】

16.2 拍摄夜景的技巧

◉ 曝光技巧

拍摄城市夜景时，由于场景的明暗差异很大。因此，为了获得更精确的测光数据，通常应该选择中央重点平均测光或点测光模式，然后选择比画面中最亮区域略暗一些的区域进行测光，以保证高光区域能够得到足够的曝光。在必要情况下，应该做-0.3EV~-1EV挡曝光补偿，以使拍摄出来的照片表现出深沉的夜色。

由于拍摄夜景时的曝光时间通常较长，因此一定要使用三脚架，必要的情况下还应该使用快门线或自拍功能，以最大程度上确保画面的清晰度。

⬆ 摄影师通过降低1挡曝光补偿拍摄夜景，使画面看起来更显深沉、稳重【焦距：24mm 光圈：f/22 快门速度：1/5s 感光度：100】

◉ 对焦技巧

由于夜景中的光线较暗，可能会出现对焦困难的情况，此时可以使用相机的中央对焦点进行对焦，因为通常相机的中央对焦点的对焦功能都是最强的。对焦时应该选择明暗反差较大的景物，如路灯、色彩丰富的广告牌等。

也可以切换至手动对焦模式，通过取景器或实时显示来观察是否合焦正确，并进行试拍，然后注意查看是否存在景深不够大或焦点不实的情况，并在后续拍摄过程中有目的地调整。

⬆ 摄影师利用点测光模式将对焦点对准桥梁上的灯光，天空、建筑和水面均得到准确曝光，使夜景看起来更具美感【焦距：18mm 光圈：f/16 快门速度：1s 感光度：100】

拍摄夜景的最佳时机

要拍摄城市夜景，不能等到天空完全暗下去以后，虽然那时城市里的灯光更加璀璨，但天空却缺乏色彩变化。当太阳刚刚落山，路灯刚刚开始点亮的时候，往往是拍摄夜景的最佳时机。

此时天空有更丰富的色彩，且在这段时间拍摄夜景，天空的余光能勾勒出城市建筑的轮廓。

⬆ 傍晚，天空还没有完全黑下来，并呈现出漂亮的宝蓝色调，与暖色调的灯光形成冷暖色对比，给人一种温馨的感觉【焦距：25mm 光圈：f/7.1 快门速度：5s 感光度：100】

拍出漂亮的蓝调夜景

要拍出蓝调夜景照片，应该在华灯初上时进行拍摄，此时的天空通常呈现为漂亮的蓝紫色。

此外，应该充分考虑空气的清洁度，因为即使是轻度雾霾，也会导致照片通透度大幅度下降。

如果希望增强画面的蓝调效果，可以将白平衡模式设置为荧光灯模式，或者通过手调色温的方式将色温设置为较低的数值。

⬆ 傍晚拍摄夜景时，应将白平衡调至荧光灯模式，并利用小光圈配合三脚架使用，以获得大视角的蓝色调画面【焦距：24mm 光圈：f/13 快门速度：7s 感光度：100】

⊙ 利用水面反射光拍摄夜景

相对于晴天，雨后更适合拍夜景，因为雨天的夜晚地面的积水会反射出城市的夜景，而且亮处的景物显得更加明亮，暗处的景物显得更加朦胧，拍摄出来的画面也更生动。

除了利用地面的积水，还可以寻找具有大面积水域的地方进行拍摄。水面的倒影与岸上的景物会形成呼应，构成虚实对比，画面显得美轮美奂。

拍摄时，注意使用最低的ISO感光度值，尽量延长曝光时间，使画面中的水面光洁、平静如镜面，更好地表现水面的倒影。

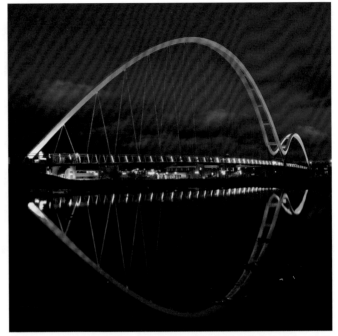

↑ 水面的倒影使原本简单的夜景画面瞬间变得丰富多彩起来，地上的夜景和水中的倒影融为一体，有种如梦似幻的感觉【焦距：30mm 光圈：f/8 快门速度：5s 感光度：100】

⊙ 再现夜间里的奇幻星轨

选择合适的拍摄地点

要拍摄出漂亮的星轨，首要条件是选择合适的拍摄地点。在灯火通明的城市很少能够看到满天星辰，因为地面的灯光过于强烈。如果要拍摄星轨，最好在晴朗的夜晚前往郊外或乡村。

选择合适的拍摄方位

接下来需要选择拍摄方位，如果将镜头对准北极星，可以拍摄出所有星星都围绕着北极星旋转的环形画面，在这个方向上曝光1小时，画面上的星轨弧度为15°，2小时则为30°。对准其他方位拍摄的星轨都呈现为弧形。

确定拍摄时使用的光圈与曝光时长

拍摄时将光圈设置到f/5.6～f/8的小光圈，以保证得到较清晰的星光轨迹。

为了较自由地控制曝光时间，应多选用B门进行拍摄，配合使用带有B门快门释放锁的快门线能够让拍摄变得更加轻松且准确。使用时可以通过B门快门释放锁的功能，随意控制曝光时间长短。曝光时间越长，画面上星星划出的轨迹越长越明显。

选择合适的对焦与构图方式

在实际拍摄时，还要解决对焦的难题。此时，如果远方有灯光，可以先对灯光附近的景物进行对焦，然后切换至手动对焦方式进行构图拍摄；也可以直接旋转变焦环将焦点对在无穷远处，即旋转变焦环直到到达标有∞符号的位置。

在构图时为了避免画面过于单调，可以将地面的景物与星星同时摄入画面，使作品更生动活泼。如果地面的景物没有光照，可以通过使用闪光灯人工补光的操作方法来弥补。

选择合适的器材、附件

拍摄星轨的场景通常在郊外，因此气温较低，相机应该有充足的电量。因为在温度较低的环境下拍摄，相机的电量下降得相当快。

长时间曝光时，相机的稳定性是第一位的，稳固的三脚架是必备的。

在镜头选择方面，应该选择35mm~50mm焦距的镜头。较广的焦距虽然能够拍摄更大的场景，但拍摄出的星轨会过细，如果焦距过长，视野则会过窄。

选择合适的拍摄手法

拍摄星轨通常可以用两种方法：一种是通过长时间曝光前期拍摄，即拍摄时使用B门，通常要曝光半小时甚至几个小时；第二种方法是使用延时摄影的手法进行拍摄，通过设置定时快门线，使相机在长达几小时的时间内，每隔1秒或几秒拍摄一张照片，完成拍摄后，利用Photoshop中的堆栈技术，将这些照片合成为一张星轨迹照片。

目前第二种方法比较流行，因为使用这种拍摄手法不用担心相机在拍摄过程中断电，即使断电也只需要换上新电池继续拍摄即可，对后期合成效果影响不大。另外，由于每一张照片曝光时间短，因此照片的噪点比较少，画质纯净。

⬆ 摄影师把三脚架配合低速快门使用，对着天空进行长时间的曝光，得到近乎完美的星轨图【焦距：24mm 光圈：f/8 快门速度：1170s 感光度：800】

◉ 拍摄川流不息的汽车形成的光轨

使用慢速快门拍摄车流经过后留下的长长光轨，是绝大多数摄影爱好者喜爱的城市夜景题材。要拍好这一题材，需注意以下拍摄要点。

■ 使用三脚架，以确保在曝光时间内相机处于绝对稳定的状态。

■ 选用镜头的广角端或广角镜头使视野更开阔。

■ 将曝光模式设置为快门优先，以通过设置较低的快门速度来获得较长的曝光时间。

■ 在能够俯视车流的高点进行拍摄，如高楼的楼顶或立交桥上。

■ 汽车行进的道路最好具有一定的弯曲度，从而使车流形成的光线在画面中具有曲线的美感。

■ 半按快门对拍摄场景车流附近的静止物体对焦，确认对焦正确后，可以切换为手动对焦状态。

■ 将测光模式设置为评价测光模式。

↑ 使用低速快门拍摄城市大道中的车流，车流颜色浓郁，十分具有线条美，同时一路远去的车流让画面的空间感也得到了极大提升【焦距：20mm 光圈：f/16 快门速度：25s 感光度：100】

图书在版编目（CIP）数据

轻松玩转佳能5D Mark Ⅳ单反相机摄影从入门到精通/
北极光摄影编著. -- 北京：人民邮电出版社，2018.1
ISBN 978-7-115-47016-4

Ⅰ．①轻… Ⅱ．①北… Ⅲ．①数字照相机－单镜头反
光照相机－摄影技术 Ⅳ．①TB86②J41

中国版本图书馆CIP数据核字(2017)第285838号

内 容 提 要

本书是专门为佳能5D Mark Ⅳ相机用户编写的一本相机使用与实拍宝典。全书从相机基本操作，摄影基础理论，构图、光线和色彩，常见题材拍摄技巧这四大部分进行了详细讲解，提供了从相机设置，拍摄技法，到场景实战的"一站式"全流程摄影指导。本书还附赠了一些多媒体教学视频，收录了Adobe Camera Raw软件应用视频教程、15种构图法则剖析、8种风光拍摄技巧、10种花卉的拍摄技巧、10种建筑的拍摄技巧等视频学习资源，帮助各位读者更好地学习书中的内容。

本书适合佳能5D Mark Ⅳ相机用户和准备购买佳能5D Mark Ⅳ相机的摄影爱好者参考阅读。

◆ 编　　著　北极光摄影
　　责任编辑　张　贞
　　责任印制　周昇亮

◆ 人民邮电出版社出版发行　北京市丰台区成寿寺路11号
　　邮编　100164　电子邮件　315@ptpress.com.cn
　　网址　http://www.ptpress.com.cn
　　北京东方宝隆印刷有限公司印刷

◆ 开本：690×970　1/16
　　印张：11　　　　　　　　2018年1月第1版
　　字数：301千字　　　　　2018年1月北京第1次印刷

定价：49.00 元

读者服务热线：**(010)81055296**　印装质量热线：**(010)81055316**
反盗版热线：**(010)81055315**
广告经营许可证：京东工商广登字 20170147 号